作物绿色增产增效

技术模式

张福锁　张安彦　等编

中国农业大学出版社
·北京·

内容简介

为使广大农技人员和农民朋友掌握绿色增产增效技术，推动绿色增产增效技术在我国农业可持续发展和农民增收中发挥更大作用，我们组织编写了这本《作物绿色增产增效技术模式》，系统、形象、简明介绍了农业绿色增产增效的意义、内容、技术原理及技术模式，供全国从事农业生产和农技服务的有关人员和农民朋友参考。

图书在版编目（CIP）数据

作物绿色增产增效技术模式 / 张福锁，张宏彦等编 .——北京：中国农业大学出版社，2016.4

ISBN 978-7-5655-1550-7

Ⅰ.①科… Ⅱ.①张… ②张… Ⅲ.①作物 - 高产栽培 - 栽培技术 Ⅳ.① F31

中国版本图书馆 CIP 数据核字（2016）第 076970 号

书　　名　作物绿色增产增效技术模式

作　　者　张福锁　张宏彦　**等编**

策划编辑　孙　勇　　**责任编辑**　孙　勇

封面设计　牛艳红　　**责任校对**　王晓凤

出版发行　中国农业大学出版社

社　　址　北京市海淀区圆明园西路 2 号　　**邮政编码**　100193

电　　话　发行部 010-62818525,8625　　读者服务部 010-62732336

编辑部 010-62732617,2618　　出　版　部 010-62733440

网　　站　http://cnnm.org.cn/　　**E-mail**　cbsszs@cau.edu.cn

经　　销　新华书店

印　　刷　涿州市星河印刷有限公司

版　　次　2016 年 6 月第 1 版　　2016 年 6 月第 1 次印刷

规　　格　787×1092　　24 开本　　5.5 印张　　140 千字

定　　价　22.00 元

撰稿人（按姓氏笔画排序）

陈　清　中国农业大学资源与环境学院
樊明寿　内蒙古农牧大学农学院
房增国　青岛农业大学资源与环境学院
郭世伟　南京农业大学资源与环境学院
贺明荣　山东农业大学农学院
黄见良　华中农业大学植物科学技术学院
吉艳芝　河北农业大学资源与环境学院
贾良良　河北省农林科学院农业资源环境研究所
江丽华　山东省农科院土壤肥料研究所
姜远茂　山东农业大学园艺学院
李宝深　中国农业大学资源与环境学院
李俊良　青岛农业大学资源与环境学院
李国生　山东省农科院土壤肥料研究所
李小坤　华中农业大学资源与环境学院
刘全清　河北省农林科学院农业资源环境研究所
刘兆辉　山东省农科院土壤肥料研究所
鲁剑巍　华中农业大学资源与环境学院
吕世华　四川省农业科学院土壤肥料研究所
马文奇　河北农业大学资源与环境学院
彭显龙　东北农业大学资源与环境学院
任　军　吉林省农业科学院作物研究所
阮建云　中国农业科学院茶叶研究所

阮云泽　海南大学农学院
石　璟　山东省农科院土壤肥料研究所
石孝均　西南大学资源与环境学院
孙义祥　安徽省农业科学院土壤肥料研究所
谭德水　山东省农科院土壤肥料研究所
唐启源　湖南农业大学农学院
王朝辉　西北农林科技大学资源与环境学院
王　梅　山东省农科院土壤肥料研究所
危常州　石河子大学农学院
魏建林　山东省农科院土壤肥料研究所
徐　钰　山东省农科院土壤肥料研究所
薛吉全　西北农林科技大学农学院
鄢少龙　中国农业大学资源与环境学院
杨建昌　扬州大学农学院
叶优良　河南农业大学资源环境学院
张　东　中国农业大学资源与环境学院
张福锁　中国农业大学资源环境学院
张宏彦　中国农业大学资源环境学院
张吉旺　山东农业大学农学院
张江周　中国农业大学资源与环境学院
张丽娟　河北农业大学资源与环境学院
赵　丹　中国农业大学资源与环境学院
郑福丽　山东省农科院土壤肥料研究所
钟旭华　广东省农业科学院作物科学研究所

前言

当前，全球农业发展面临前所未有的巨大挑战，既要保障粮食安全，又要保护生态环境，高产高效的可持续集约化现代农业成为唯一选择。我国的形势更加严峻，虽然我们用 8% 的耕地养活了世界 21% 的人口，但却用了全球 35% 的化肥。资源利用效率低、生产成本高、环境污染加重，转变农业发展方式势在必行。

发展高产高效现代农业，是促进农民增产增收、保障国家粮食安全和资源环境安全的必由之路。中国农业大学养分资源综合管理研究团队长期致力于我国作物高产高效理论、技术与农业发展道路的探索。2009 年 5 月 2 日，胡锦涛总书记视察中国农业大学，同中国农业大学师生代表进行了座谈，总书记在考察期间提出希望广大教师和青年学生到基层一线去发挥才干，到艰苦的环境里去经受锻炼，到祖国和人民最需要的地方去建功立业的嘱托。5 月 3 日，团队即与河北省曲周县合作，建立了高产高效技术示范基地并派驻教师、研究生开展工作，以基地为基础，逐步探索出农业科技创新、社会服务和人才培养为一体的科技小院模式，并与国内多所科研院所、地方政府和企业合作，在全国建立了 70 多个科技小院，形成全国性的科技小院网络。依托科技小院网络，在探索农业院校研究生和农村实用人才培养模式以及农业技术示范推广模式的同时，在国家科技项目和政府、企业支持下，自下而上，立足生产实际针对我国主要作物生产体系开展绿色增产增效技术的研究与集成，形成了主要作物绿色增产增效技术模式。

为了使广大农技人员和农民朋友有效地掌握绿色增产增效技术，推动绿色增产增效技术在我国农业转型发展和农民增收中发挥更大的作用，我们组织编写了这本《作物绿色增产增效技术模式》，供全国农技人员和农民朋友参考。

编　者

2016 年 5 月

目录

1. 绿色增产增效的重要性和技术原理

1.1 绿色增产增效的重要意义

粮安天下——粮食安全是一个全球性挑战

保障粮食安全是世界性难题

自 1990 年以来，全球粮食产量增加缓慢，人均粮食占有量一直在 400 千克的安全线上下徘徊。

目前世界上约有 8 亿人遭受饥饿威胁，有近 1/3 的人处于营养不良状态。

全球约有 7 亿人处于极度贫困线以下，每 6 秒钟就有 1 名儿童因饥饿而死。

目前全世界还有 30 多个国家和地区存在粮食危机。

粮食安全

为什么世界范围内现在还有这么多人挨饿？

◆人口增加过快，粮食生产不足：全球人口每年增长 8500 万，主要在欠发达的第三世界国家。

◆人均耕地面积减少：1950 年世界人均 7 亩①，现在平均不到 3.5 亩。

◆粮食分布不均：发达国家人均粮食占有量是发展中国家的好几倍。

◆土壤退化和土地荒漠化。

◆气候变暖、灾害性天气频发。

◆政策和政府支撑不力。

注：① 1 亩 =666.7 米^2

既要金山银山，也要绿水青山

农业生产中，人们为了追求高产而盲目增加水、肥、农药等的投入量，加剧了水资源和矿产资源的耗竭，恶化了生态环境（主要表现为水体富营养化和水体污染、土壤和大气污染）。此外，滥用化肥和农药等化学品，已威胁到了食品质量安全，进而威胁到了人体健康。

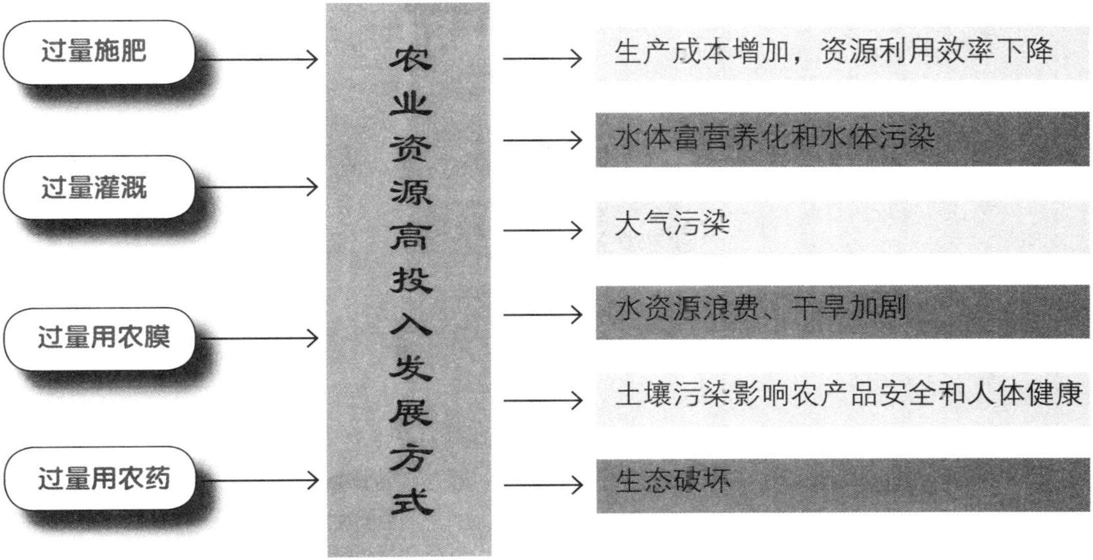

高产、高效、可持续发展是全球农业的发展目标

- ◆人口增加
- ◆环境污染
- ◆耕地减少
- ◆土壤退化
- ◆资源紧缺
- ◆全球变化

世界形势

传统农业向可持续高产高效农业转型

高产、高效，环境友好、可持续集约化

发展方向

绿色增产增效是我国农业发展的必由之路

我国农业发展成绩举世瞩目，成功地保障了国家粮食安全、支撑了国民经济快速发展。但同时也走过了一条高投入、高资源环境代价的道路。农业生产资源投入持续增加、产量徘徊、效率下降、环境问题凸现。人口不断增加、耕地和水资源不断减少、资源环境代价大的特点决定了我国未来农业必须走高产、高效、低环境代价的路子。

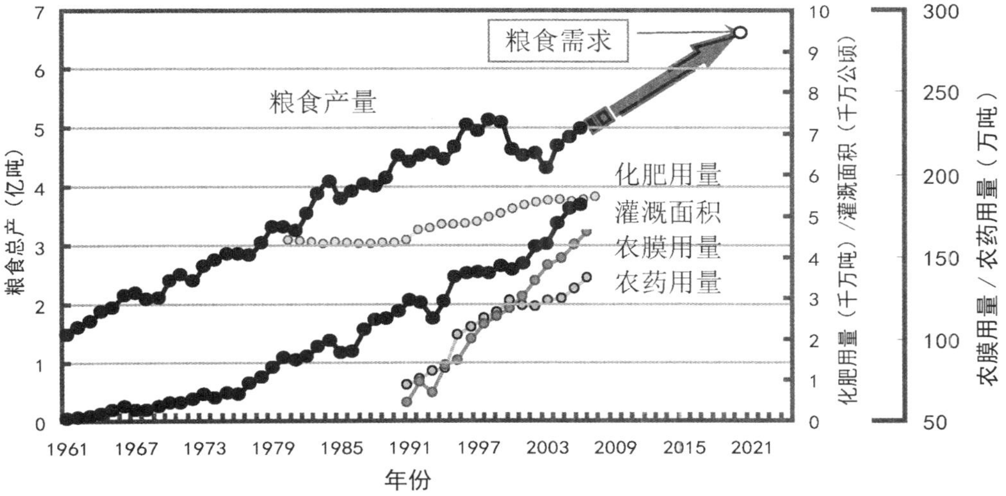

我国历年粮食产量与粮食生产水肥、农药、农膜的投入量变化

我国农业发展经历了
追求吃饱、吃好、安全到可持续发展的多个阶段

新中国成立以来，我国农业发展经历了由追求吃饱、吃好，再到安全、可持续等发展阶段。在不同的发展阶段，党和国家领导人均高度重视农业、粮食和资源环境问题。

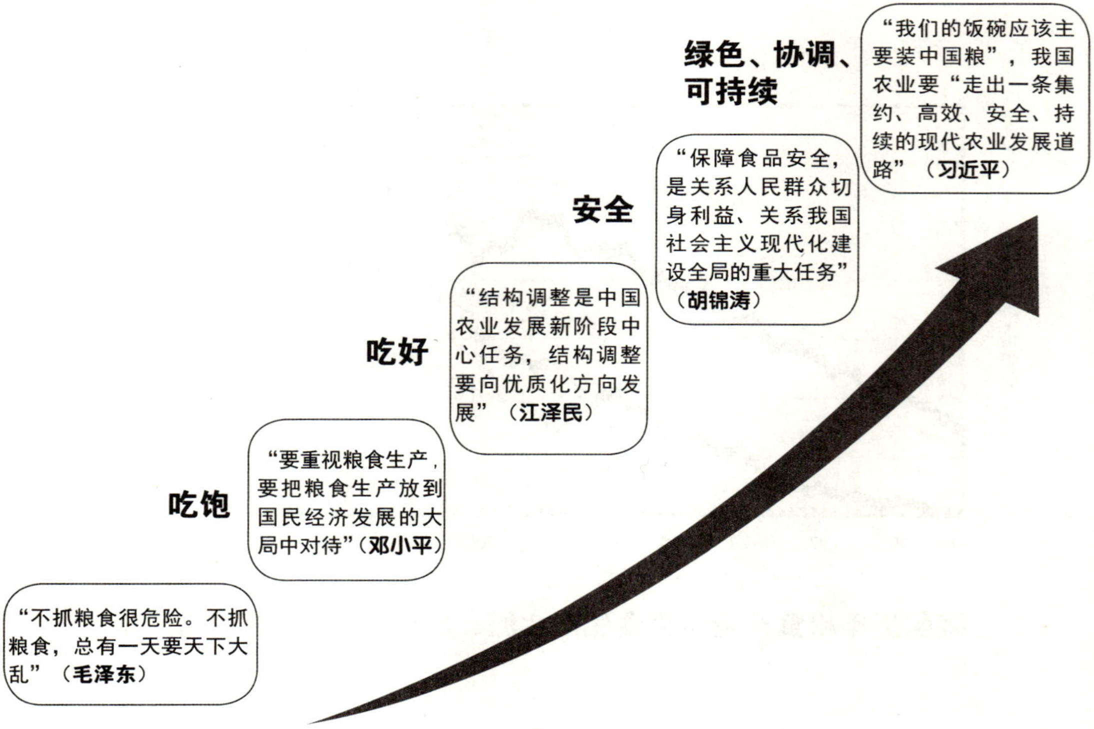

1.2 绿色增产增效策略

绿色增产增效的含义

绿色增产增效是指农作物产量持续提升、品质不断改善资源利用效率越来越高，经济效益和生态环境保护效果越来越好。从“节肥增效”到“增产增效”，最后实现“绿色高产高效”。

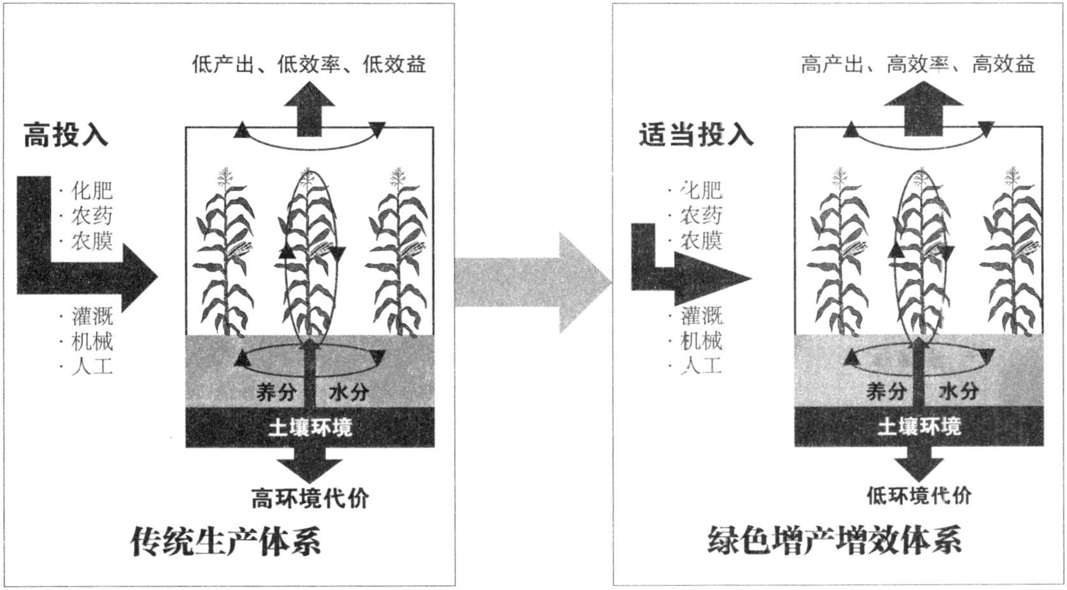

实现绿色增产增效的主要思路

为了实现作物生产的高产高效目标，需要政府、企业、科研院所和社会各界紧密合作，综合运用政策、技术和资金等多种手段，提高农业生产主体 - 农民的科技素质，改变他们的生产行为，进而通过生产组织的规模化、生产过程的机械化提高绿色增产增效技术的到位率，实现粮食增产、资源增效、农民增收。

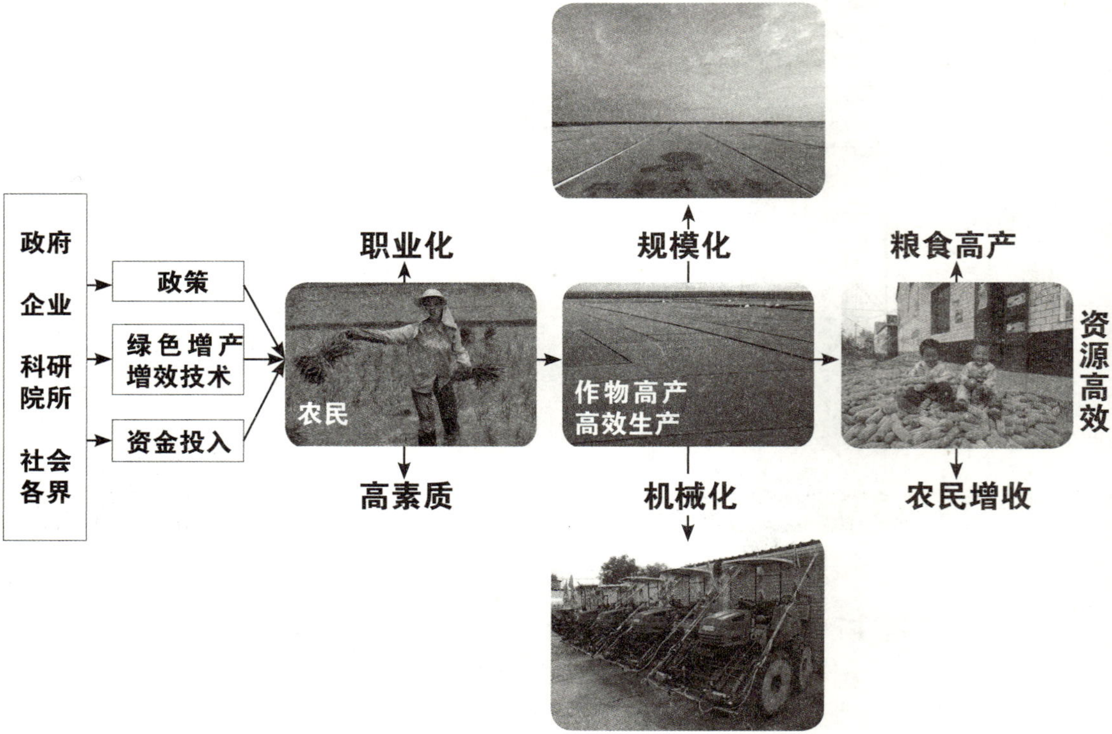

实现绿色增产增效的主要技术途径—三步走策略

为了把绿色增产增效技术落实到位，中国农业大学养分资源综合管理研究团队提出了“三步走”策略。第一步：通过养分资源综合管理技术，在小幅度增产的基础上大幅度减肥，做到增产 <10%、增效 >20%，实现“节肥增效”；第二步：通过养分管理技术和高产栽培技术的融合，在较大幅度增产的基础上节肥，做到增产 >10%、增效 >20%，实现“增产增效”；第三步：通过土壤 - 作物系统综合管理，融合养分管理、高产栽培和土壤质量提升技术，做到同时增产增效 30%~50%，实现“高产高效”。

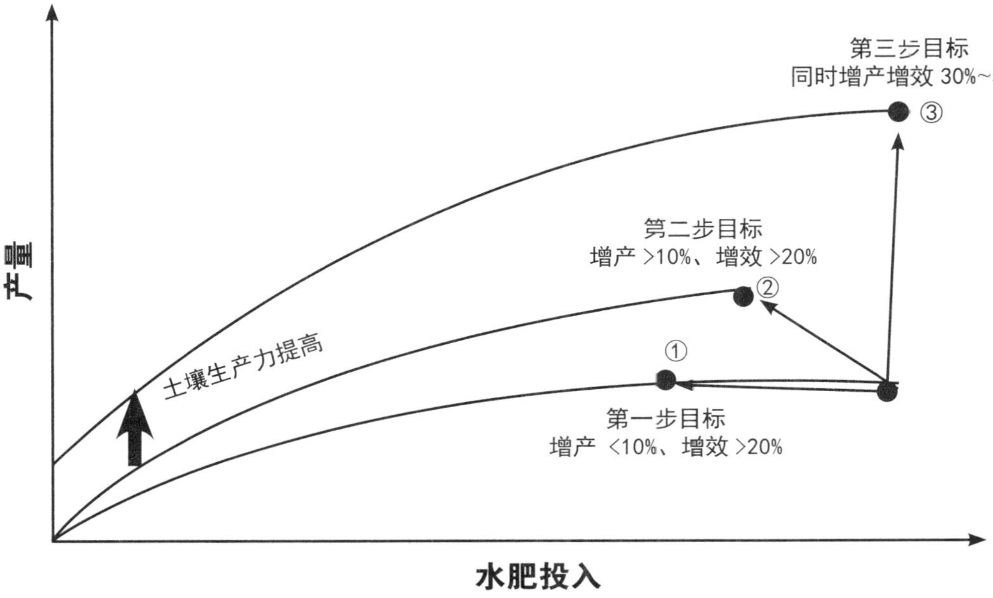

第一步　节肥增效：综合管理各种来源养分

第一步核心技术要点是：① 综合运用各种来源的养分资源，如大气干湿沉降、土壤残留养分、灌溉水中养分等，节约化肥，实现总量控制；② 把有限的化肥养分用到作物生长最关键的时期，实现分期调控。

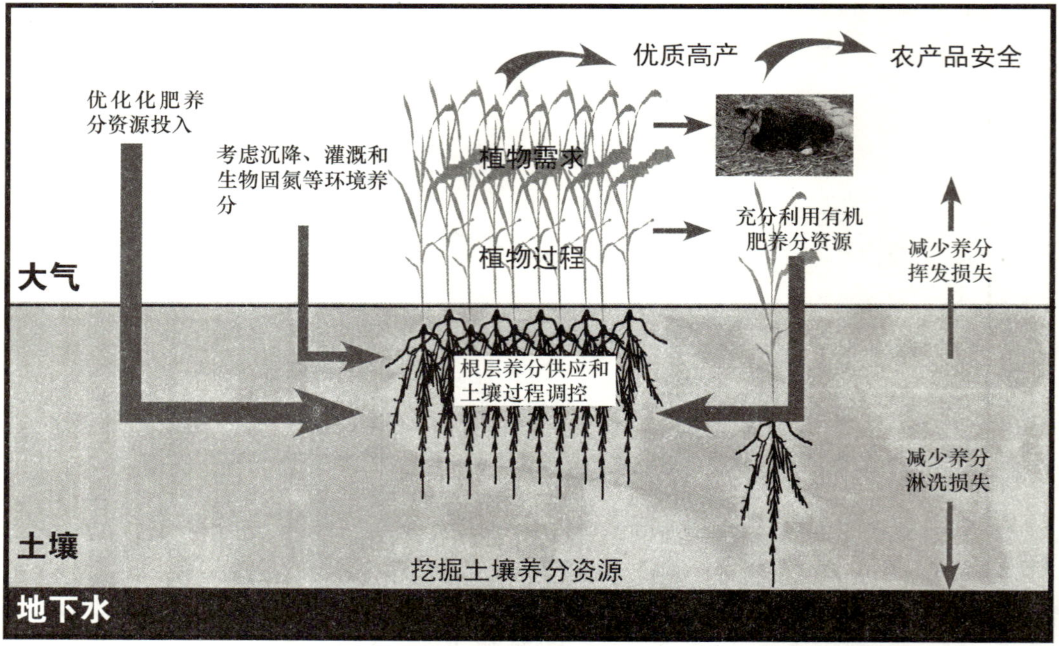

第二步 增产增效：养分管理与高产栽培技术充分结合

在掌握高产作物生长发育规律、养分吸收规律和土壤养分供应规律的基础上，把作物高产栽培技术与养分管理技术结合起来，实现地上部高产群体养分需求与地下部根层养分供应在时间和空间上的匹配，达到增产增效 10%~20% 的目标。

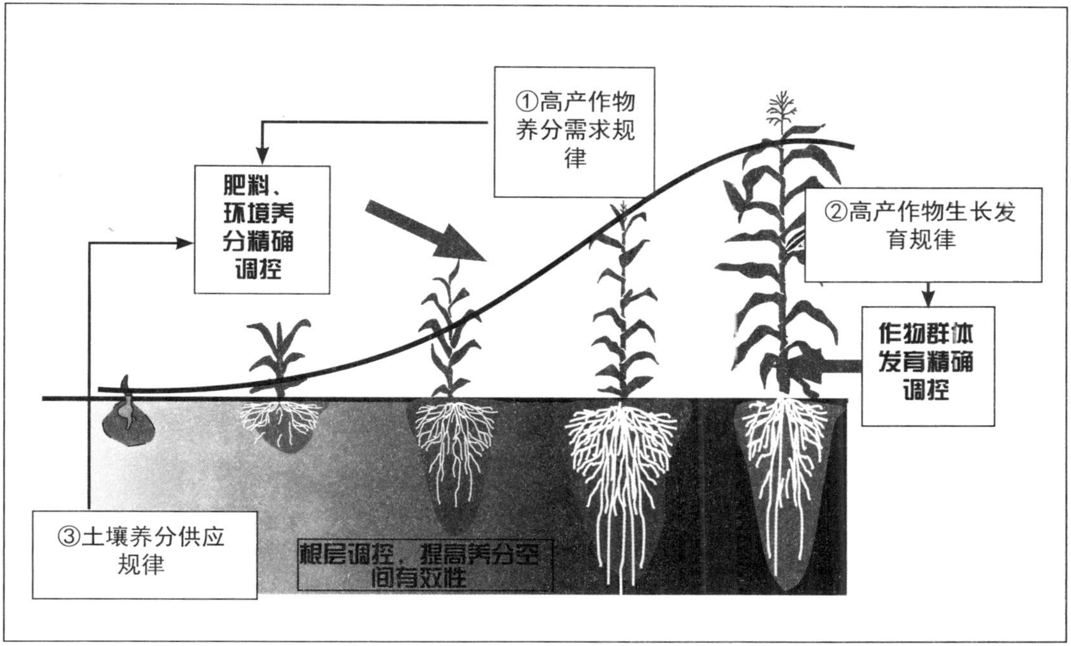

第三步　高产高效：高产栽培、养分管理和土壤生产力提升三管齐下

在提高土壤基础生产力的基础上，全面优化根层养分和水分管理，支撑全生育期作物高产群体结构和功能的发挥，实现高产作物生长发育与环境和根层水肥的动态时空匹配，达到同时增产增效 30%~50% 的目标。

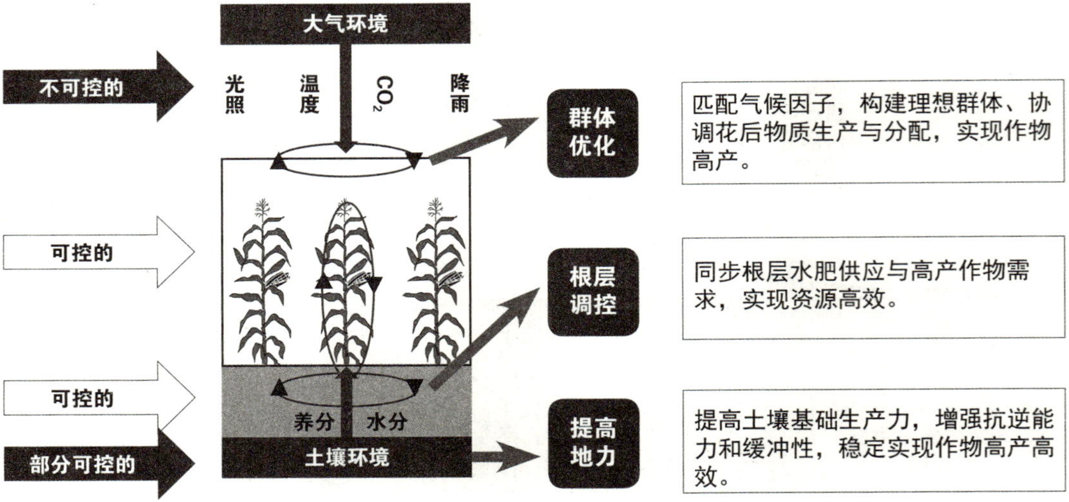

绿色增产增效的国际价值

围绕同时实现作物增产增效的目标，中国农业大学养分资源综合管理研究团队组织全国同行，开展了大量的理论和技术研究，建立了我国主要作物的绿色增产增效技术体系。通过多区域、多点、多年试验示范证明，绿色增产增效技术有效实现了作物产量、资源利用效率的协同提高，降低了农业生产的环境代价。不仅为我国可持续高产高效农业发展提供了技术支撑，也为世界农业可持续发展做出了贡献。相关结果在《自然》杂志发表。

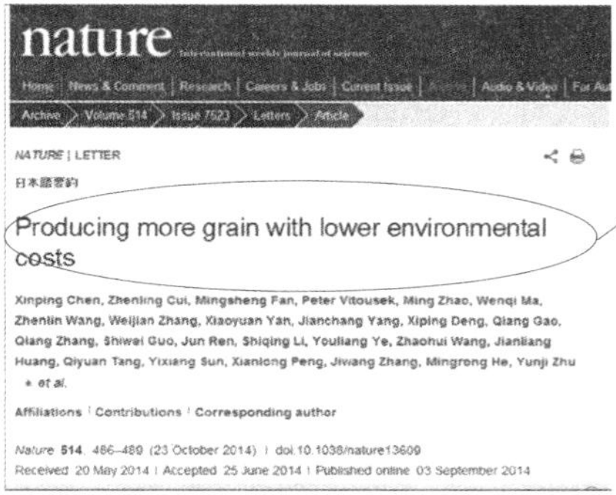
nature
International weekly journal of science
Home | News & Comment | Research | Careers & Jobs | Current Issue | Archive | Audio & Video | For Authors
Archive > Volume 514 > Issue 7523 > Letters > Article

NATURE | LETTER

Producing more grain with lower environmental costs

Xinping Chen, Zhenling Cui, Mingsheng Fan, Peter Vitousek, Ming Zhao, Wenqi Ma, Zhenlin Wang, Weijian Zhang, Xiaoyuan Yan, Jianchang Yang, Xiping Deng, Qiang Gao, Qiang Zhang, Shiwei Guo, Jun Ren, Shiqing Li, Youliang Ye, Zhaohui Wang, Jianliang Huang, Qiyuan Tang, Yixiang Sun, Xianlong Peng, Jiwang Zhang, Mingrong He, Yunji Zhu + et al.

Affiliations | Contributions | Corresponding author

Nature 514, 486–489 (23 October 2014) | doi:10.1038/nature13609
Received 20 May 2014 | Accepted 25 June 2014 | Published online 03 September 2014

用较低的环境代价生产更多的粮食

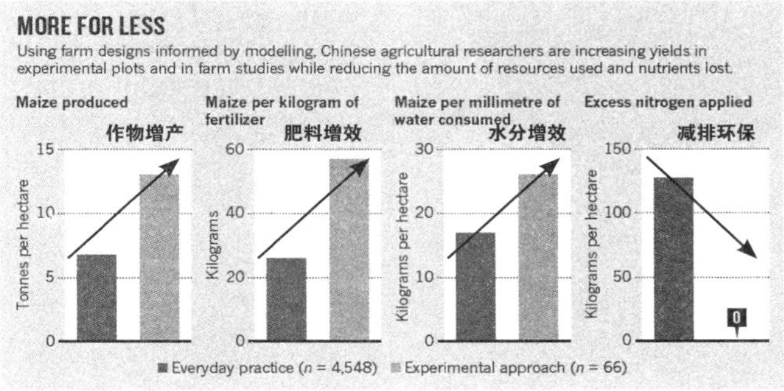

Chinese Agriculture:

An experiment for the world

China's scientists are using a variety of approaches to boost crop yields and limit environmental damage, say **Fusuo Zhang**, **Xinping Chen** and **Peter Vitousek**.

1.3 绿色增产增效技术原理

绿色增产增效技术的理论基础："四管"

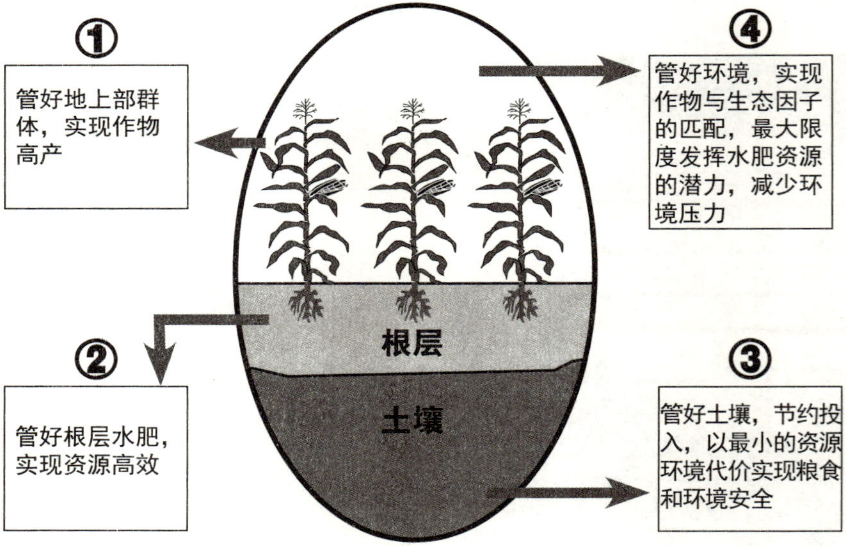

管好地上部群体是实现增产增效的关键

通过高产品种选择，播期、播量及水分养分全生育期动态优化，构建理想健康群体，协调花后物质生产与分配，是实现作物高产、进而实现增产增效的关键。

◆ 时期	前期	中期	后期
◆ 措施	播期、播量、肥水、品种、耕作	肥水、植保、化控	肥水、植保
◆ 调控	促控结合	控促结合	抗病延衰
◆ 目标	构建合理群，体健壮营养器官	增加穗粒数	增大千粒重

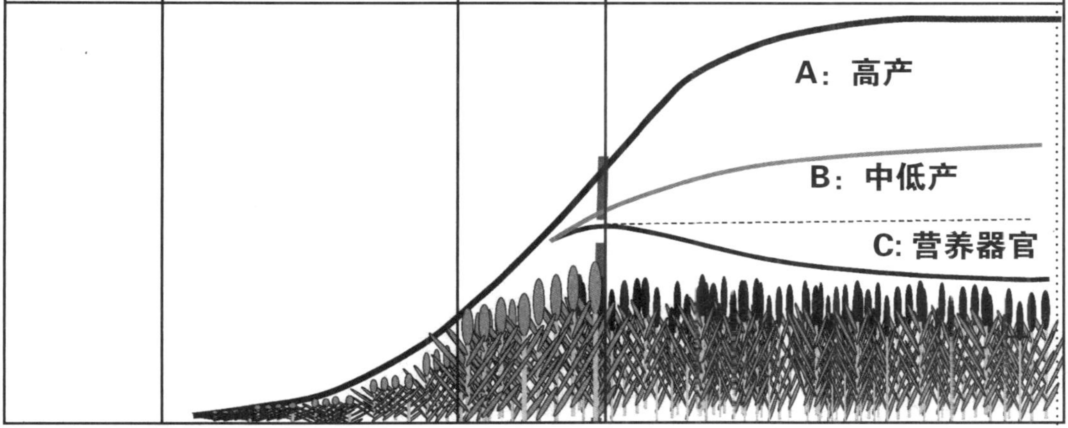

作物地上部群体调控技术示意图

实例：冬小麦生育期分阶段群体调控示意图
（河北省曲周县）

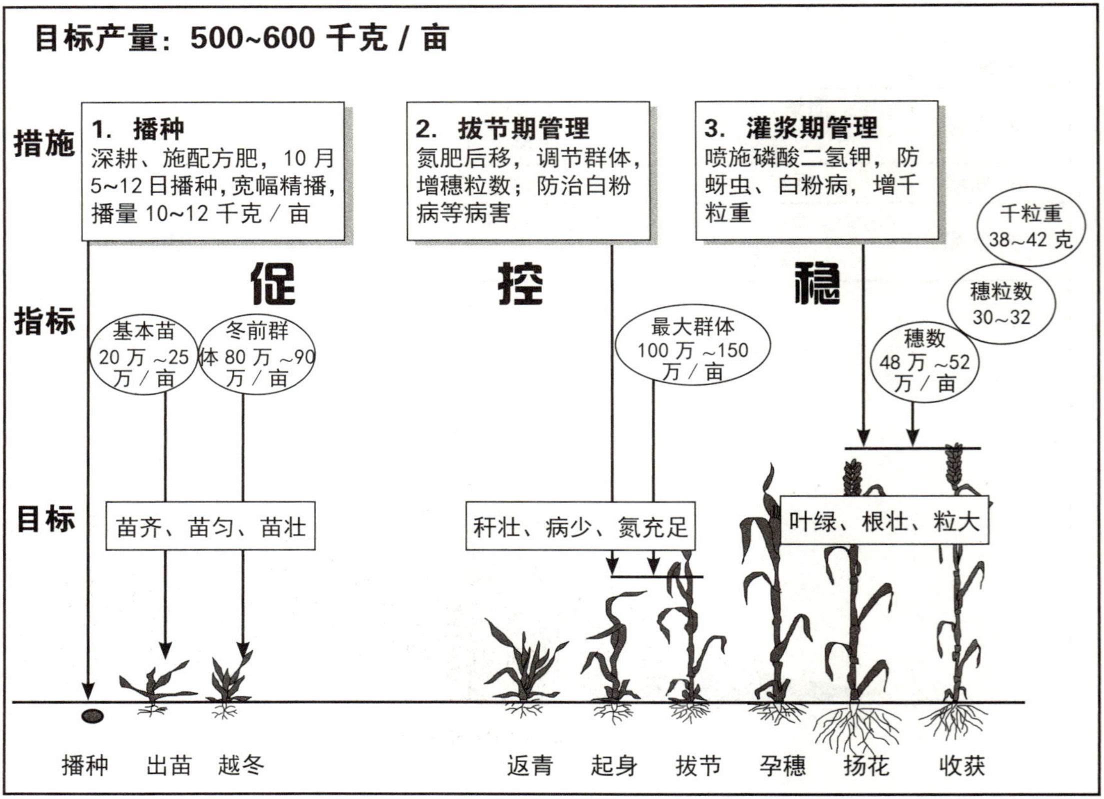

管好根层养分，是实现养分资源高效利用的核心

目标：通过根层养分和水分精确调控，实现养分供应与地上部养分需求的时空匹配。

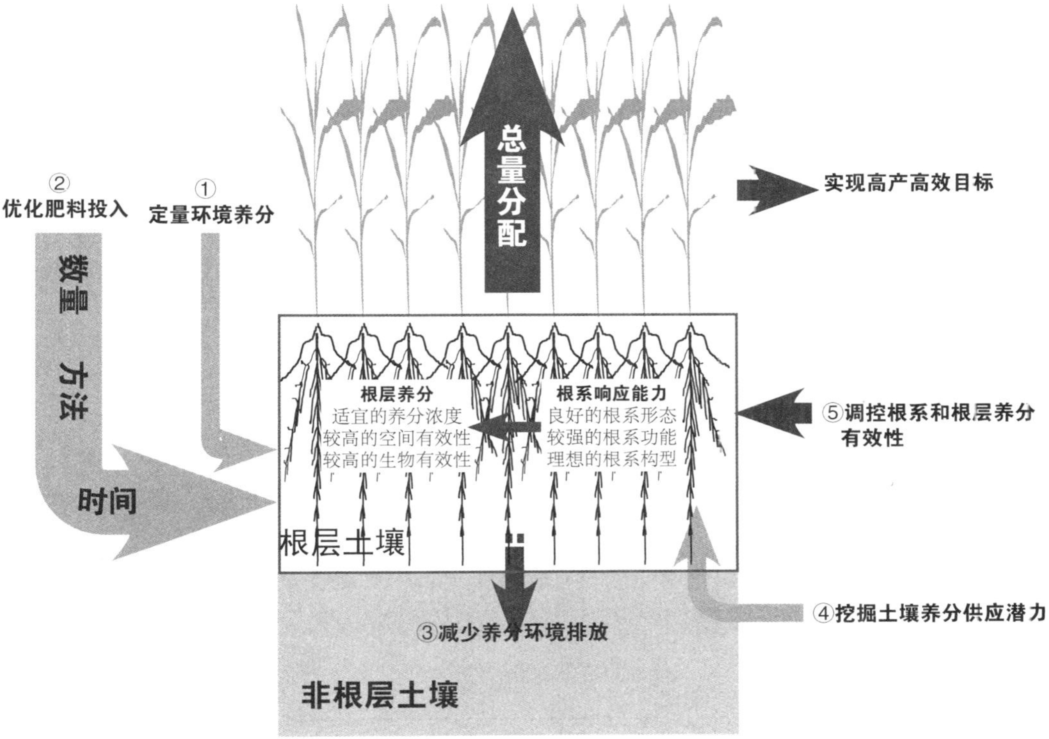

氮素养分的根层实时监控

——以华北小麦玉米轮作体系为例

氮素转化快，易损失，必须实时监控。氮素实时监控的技术原理是：通过定量根层氮素供应量，确定全生育期氮肥总量；通过植株营养状况反馈追肥时期与用量。该技术的特点可概括为：精确管理、实时监控，测土定量、少量多次，肥料深施、肥水结合，植株诊断、及时调整。

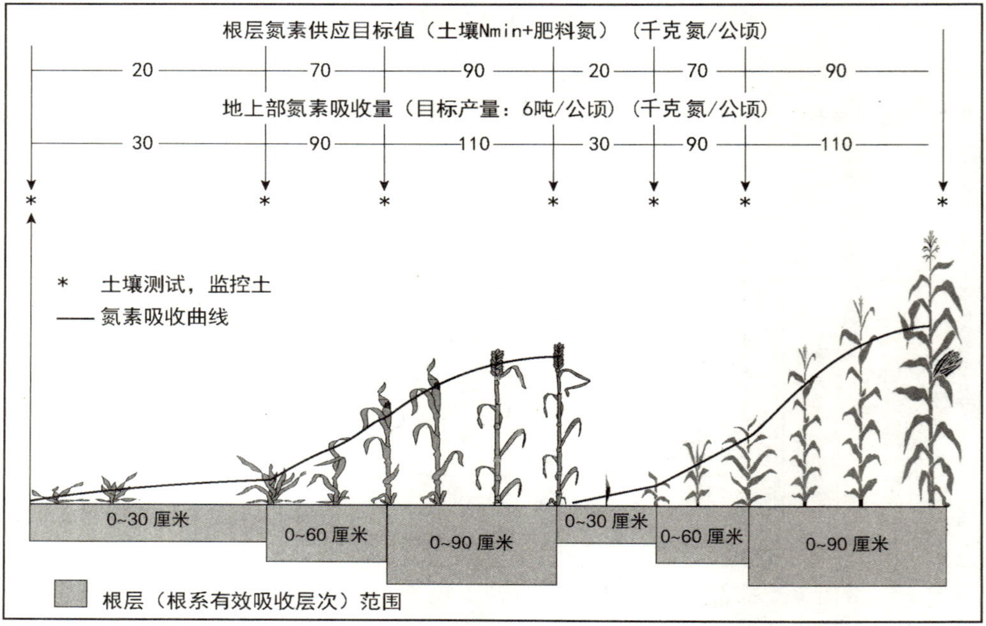

磷、钾养分的管理—恒量监控

磷、钾养分大多累积在根层土壤，能被根系活化利用。因此，只要将根层磷钾维持在一个适宜水平上，作物就可发挥其生物学潜力，高效利用养分。建立在此基础上的磷、钾养分恒量监控技术，可实现根层磷、钾养分的精准调控。其要点是：(1)确定适宜的根层磷钾含量水平；(2)每 3~5 年监测一次土壤磷、钾养分含量，再根据土壤磷、钾养分平衡，确定磷钾肥用量，作为随后的 3~5 年中的磷、钾肥推荐量。

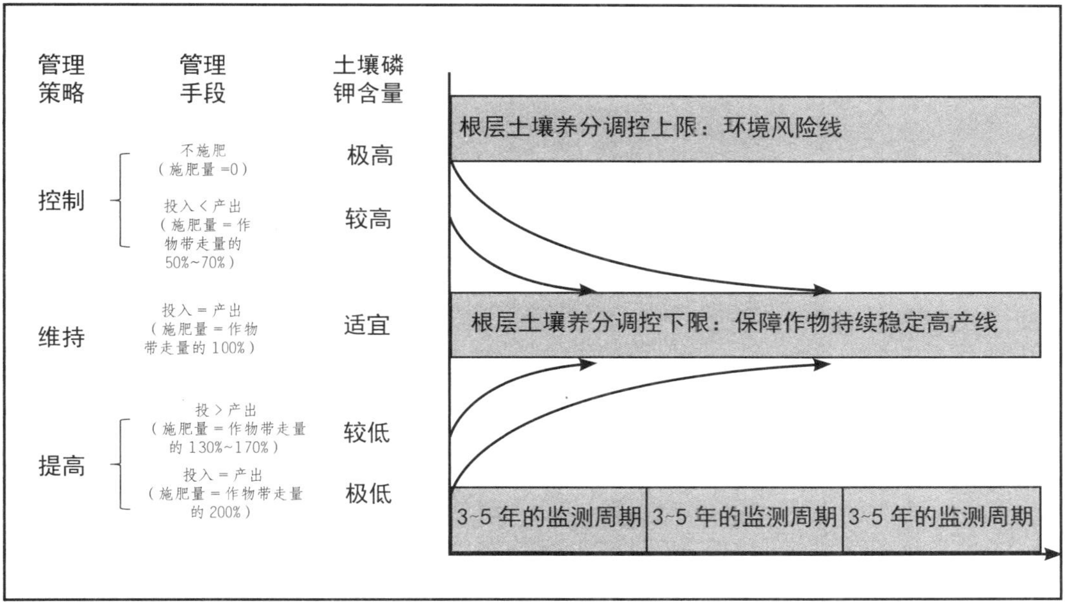

基于养分平衡和土壤磷、钾养分测试的磷、钾养分恒量监控技术模式示意图

中微量元素管理—因缺补缺、矫正施用

中微量元素的作物需要量虽少，但在作物生长发育中起着不可替代的作用。其具有缺则减产甚至绝产、丰则贮于根层的特点，可依赖作物的生物学潜力发挥而被活化利用。因此，中、微量元素的管理应在提高其生物有效性的基础上，实行因缺补缺、矫正施用，既发挥其增产、改善品质作用，也避免不合理施用带来的危害。

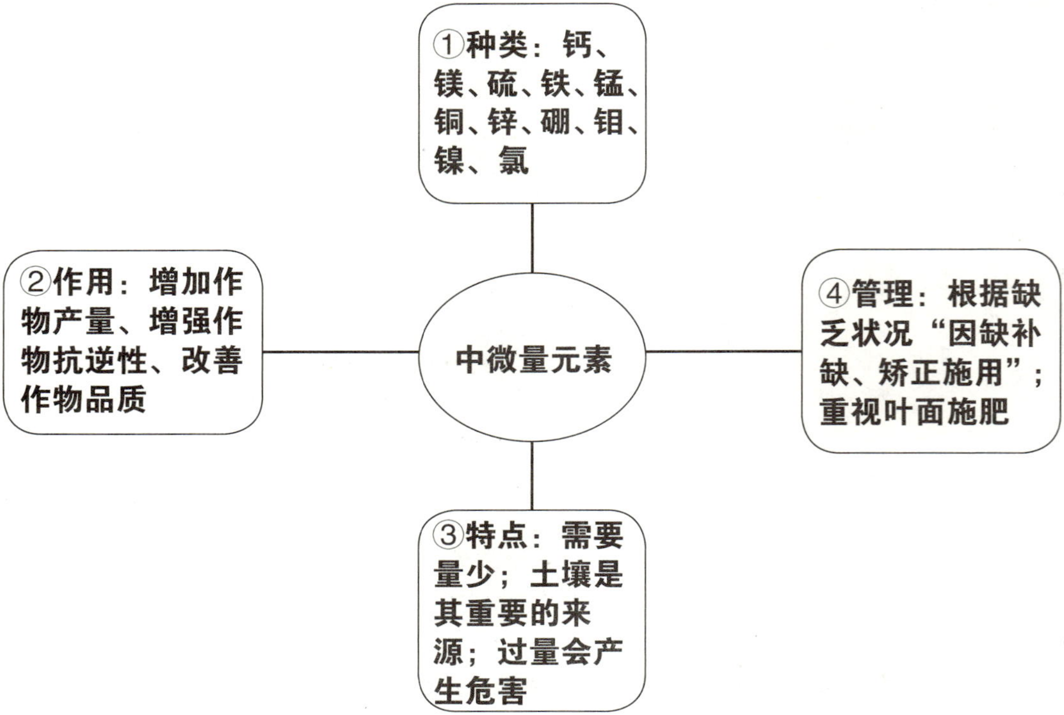

管好土壤是实现绿色增产增效的基础

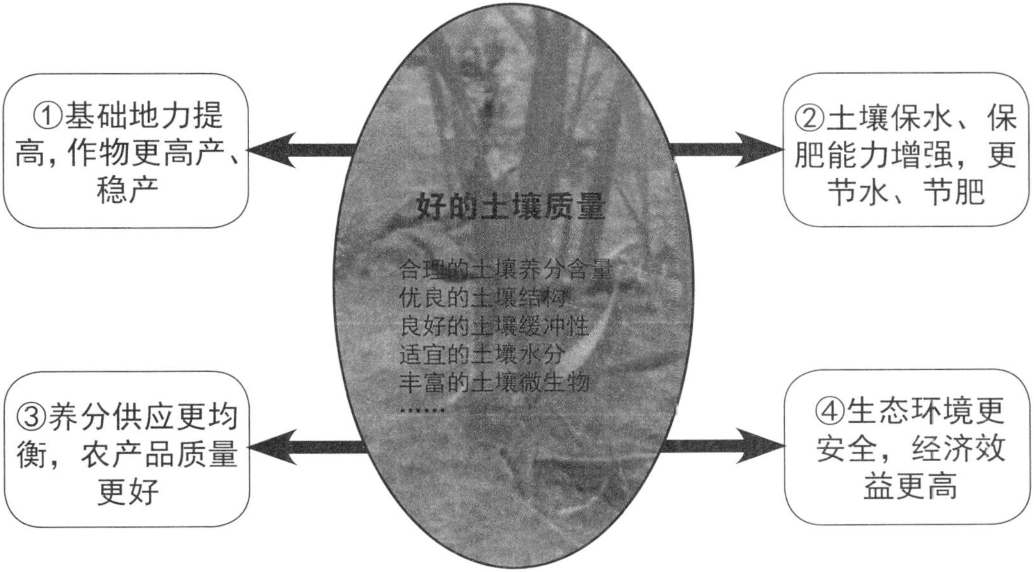

提高土壤质量的主要途径

土壤是农作物生产的基础。土壤质量的提高主要有三条途径：一是减少土壤侵蚀，二是消除土壤障碍因子，三是增加土壤有机质含量、优化土壤养分，提高土壤的基础生产力。

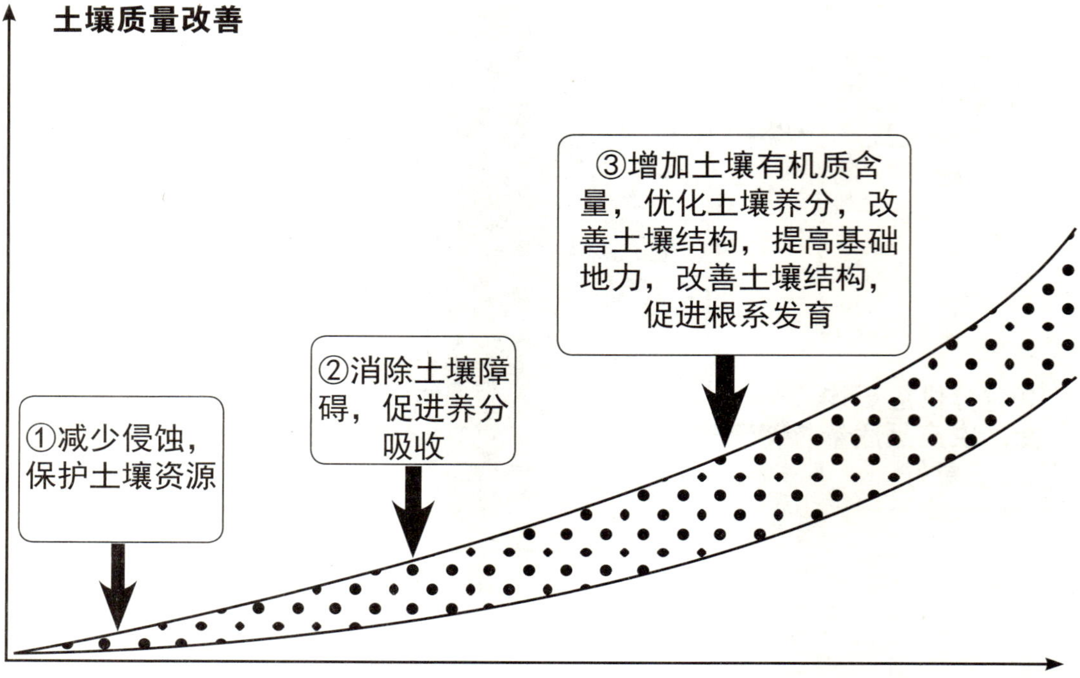

提高土壤有机质含量的主要方法

土壤有机质是土壤质量的核心，土壤有机质含量的提高有利于改善土壤的物理、化学和生物学性状，是土壤培肥的关键。提高土壤有机质含量主要有三条途径：一是施用有机肥、秸秆还田；二是合理耕作，减少有机碳损失；三是提高作物产量，增加根茬还田量。

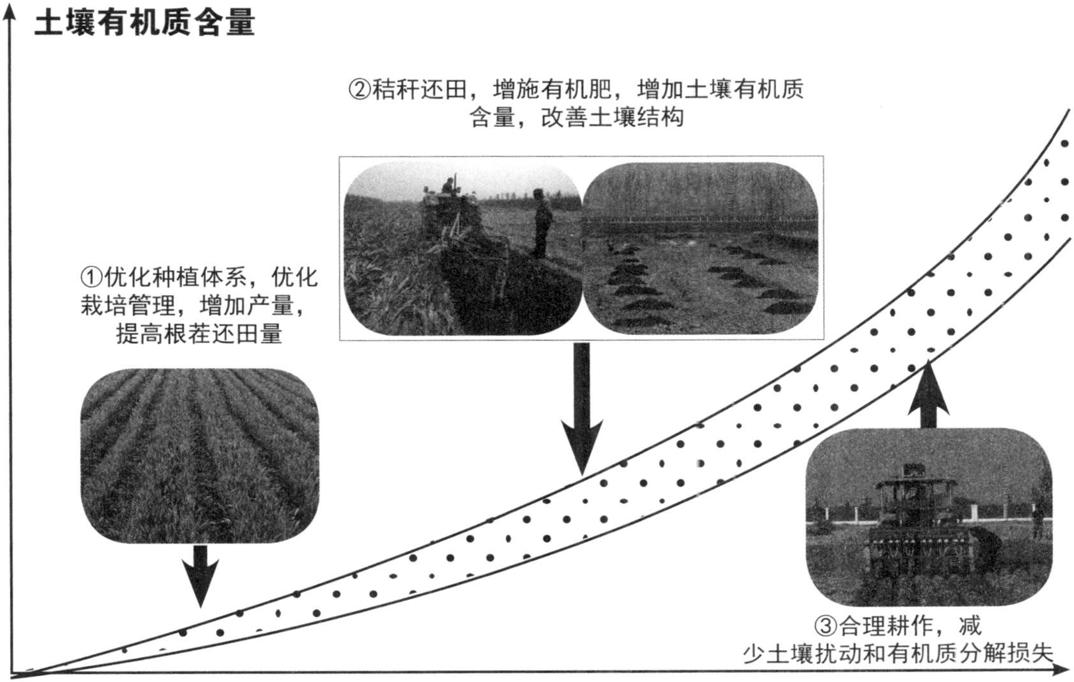

如何构建合理的土壤结构?

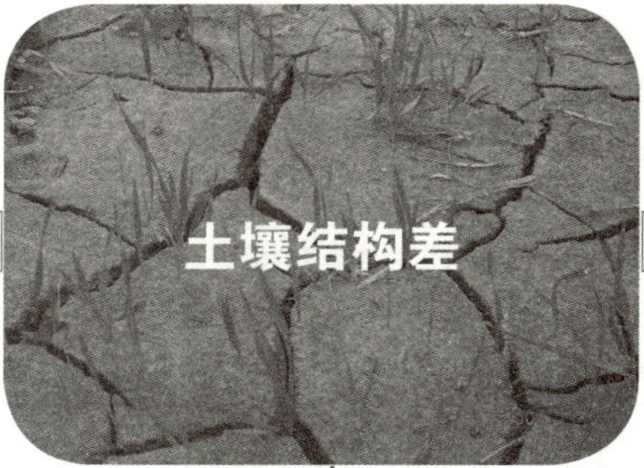

表现

1. 犁底层上移
2. 耕层变浅
3. 土壤紧实

危害

1. 根系变浅
2. 产量降低
3. 水肥效率降低

改良措施

深耕

每 3-5 年深耕一次，增加耕层深度

深松

打破犁底层，促进根系下扎

施有机肥

提高土壤有机质含量，

秸秆还田

降低容重，增加孔隙度

长期免耕

侵蚀严重的地区采取免耕技术，保护土壤结构

如何防止土壤酸化?

土壤酸化的原因:

(1)干湿沉降

(2)施肥不当，尤其是氮肥施用过量

(3)单一种植

(4)土壤缓冲性变差

土壤酸化

土壤酸化的危害:

(1)减产

(2)病虫害增加

(3)肥料效率降低

(4)作物品质变差

(5)土壤重金属元素活化

防治

①

合理施用有机肥，提高土壤缓冲性

②

施石灰改良

③

合理施用氮肥

测土施肥，优化养分供应

测土配方施肥技术主要是根据土壤养分供应状况和作物养分需求确定肥料用量和比例，实现养分均衡供给。其应用可减少肥料浪费，节约生产成本，提高肥料利用率，增加作物产量，起到节本、增效、环保的作用。

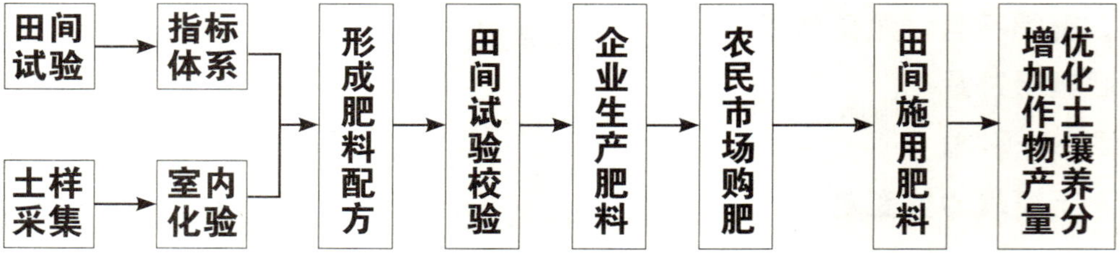

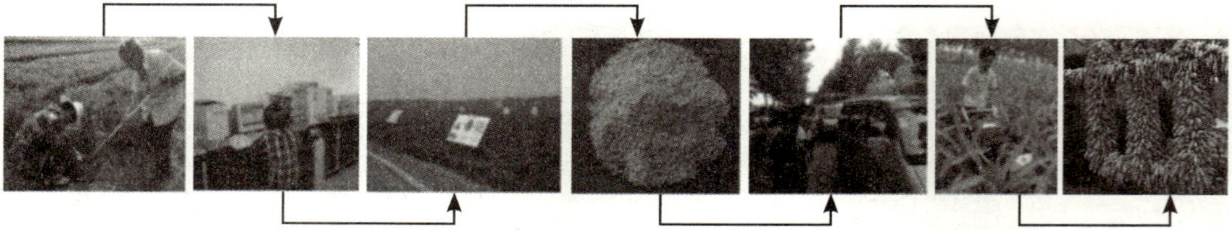

测土配方施肥的流程

水肥一体化是实现增产增效的好技术!

水肥一体化技术将农作物水、肥管理结合在一起，可提高水肥资源利用效率，起到明显的省水、省肥、省工、增产、增收、环保效果。

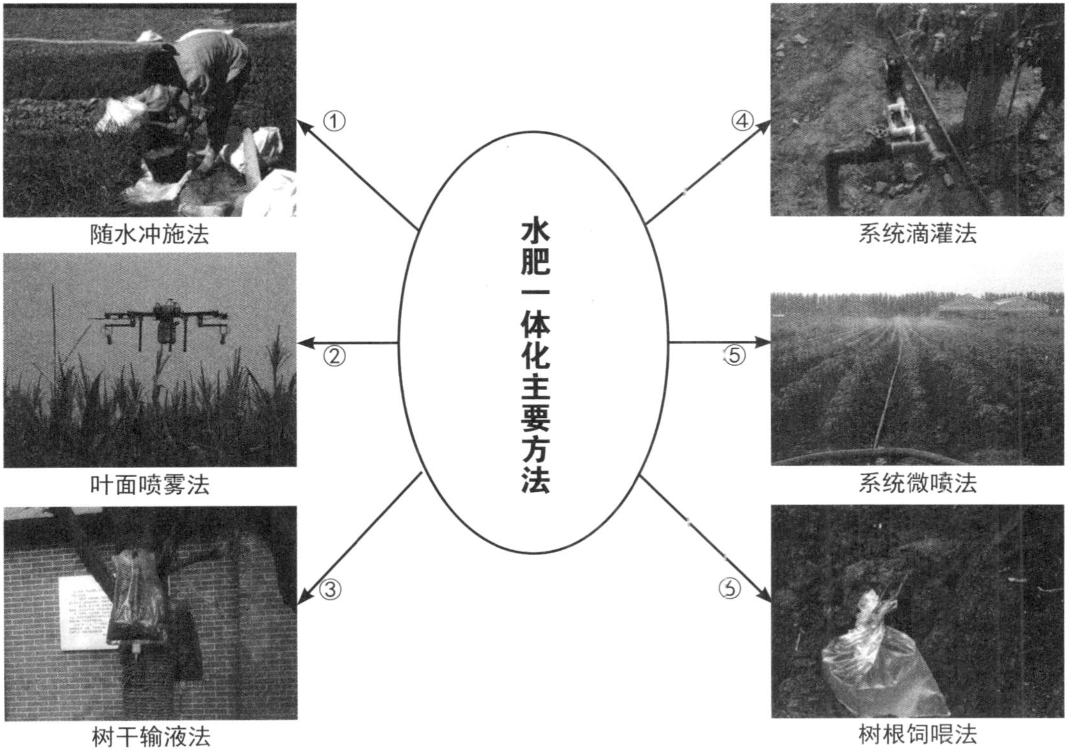

管好环境，以最低的代价生产更多的粮食

农业生产与环境息息相关。一方面，农作物高产高效需要良好的环境；另一方面，农业生产过程又会对生态环境产生重要影响。如何通过绿色增产增效技术的应用改善土壤、大气、水体等环境质量，同时生产营养健康的农产品，是未来可持续集约化农业的重要目标。

综合利用有机废弃物，减少面源污染

高效施药，减少农药的环境负效应

精确管理肥、药、膜，综合利用有机废弃物，实现化肥、农药零增长，降低温室效应。

合理使用农膜，减少其对土壤和环境的污染

精确管理养分，减少化肥对环境的污染

2. 主要作物的绿色增产增效技术模式

2.1 黑龙江省水稻绿色增产增效技术模式

技术模式要诀

选好良种，科学催芽；
适时稀播，旱育壮秧；
早施基肥，整平沉实；
合理密植，适时浅插；
早施氮肥，分蘖快发；
干湿交替，壮根防倒；
中期控氮，控蘖促穗；
前氮后移，防衰增重；
适时收获，增产增效。

技术模式图解

适宜地区	黑龙江省第一、第二积温带 13~14 叶的水稻品种，以及第三、第四积温带 11~12 叶水稻品种。水稻产量 560~660 千克 / 亩。				
生育期	浸种 ~ 育秧期 （4 月上旬至 5 月上旬）	整地 ~ 插秧期 （5 月上旬至 5 月下旬）	返青 ~ 分蘖期 （5 月下旬至 6 月下旬）	孕穗 ~ 抽穗期 （7 月上旬至 7 月下旬）	齐穗 ~ 蜡熟期 （8 月上旬至 9 月中旬）
不同时期景观图片					
主攻目标	旱育壮秧	合理密植保全苗	促分蘖早生快发、控制无效分蘖	减少颖花退化、防病、防倒	防叶片早衰、促灌浆、增粒重
生育指标	机插秧播量 100~125 克 / 米^2，手插秧播量 85~100 克 / 米^2	基本苗 5.3 万 ~8.0 万 / 亩	茎蘖数 26 万 ~40 万 / 亩	茎蘖数 32 万 ~50 万 / 亩	茎蘖数 26 万 ~40 万 / 亩
主要技术措施	◆ 品种：选择具有一定抗病和抗寒能力，能安全抽穗成熟的品种。 ◆ 浸种与催芽：晒种、选种、洗种后于 11~12℃下浸种 7 天，30~32℃条件下待 80% 破胸后 25℃催芽。 ◆ 播种：苗床施肥、调酸和消毒后，当气温 5℃、置床温度 12℃时播种，覆土 0.5~0.7 厘米，播种后封闭除草。 ◆ 苗床管理：1.5~2.5 叶期除草、防病。保证苗床各阶段适宜温度、旱管。 ◆ 整地：搅浆平地机整地于 4 月下旬进行，保证沉降 20 天以上；水耙轮整地在 5 月上旬，沉降 7~10 天。	◆ 施基肥：整地前亩施尿素 2.6~3.3 千克，磷酸二铵 5~6.7 千克，氯化钾 2.3~3.3 千克，或等氮磷钾的复合肥。 ◆ 整地：旱耙、旱平、整平堑沟，结合泡田打好池埂；水整地要在插秧前整平耙细，保证沉降好。 ◆ 除草：插秧前 5~7 天进行封闭灭草，保持水层 3~5 厘米。 ◆ 插秧：5 月 15~25 日插秧，机插秧每米 2 插 25~28 穴，人工插秧每米 2 18~22 穴，插深小于 2 厘米。 ◆ 补苗：插秧后及时补苗，确保基本苗数。 ◆ 花哒水插秧，遇低温灌 3 厘米左右的护苗水，否则插秧后不马上灌水，防止飘苗并有利于扎根。	◆ 施返青肥：在插秧前 1 天或插秧后 3 天内，亩施尿素 1~1.6 千克，硫酸铵 3.6 千克，缺锌地块每亩施 1 千克硫酸锌。施肥前 3 天使田面无水层，先灌水，后施肥。以后施氮方法与本次相同。 ◆ 施分蘖肥：插秧后 7~10 天，亩施尿素 2.3~3.6 千克。 ◆ 灌溉：采用间歇湿润灌溉方法，每次灌水 3 厘米左右，灌水前田面落干 2~3 天，掌握“后水不见前水”原则。 ◆ 防治病虫害：注意防治潜叶蝇和负泥虫，根据预报和田间情况，重点防治叶瘟和纹枯病。	◆ 施肥：拔节期亩施氯化钾 2.3~3.6 千克。如水稻叶片黄绿色、挺立，可施用尿素 4.5 千克 / 亩；如叶片颜色以绿为主，叶片挺立则亩施尿素 3 千克。穗期适当补硼肥。 ◆ 灌水：间歇湿润灌溉，掌握“后水不见前水”原则。拔节期避免灌深水以控制基部节间长度。 ◆ 防病虫：孕穗期和破口期，如遇连雨天，雨后及时防治稻瘟病、鞘腐病和褐变穗。	◆ 灌溉：间歇湿润灌溉，每次灌水前田面要落干并出现火柴杆大小的小裂缝。通过干湿交替，提高土壤透气性，养根保叶，延长叶片功能期，提高抗倒伏能力。抽穗后 30 天停灌，黄熟初期排干。 ◆ 防病虫害：齐穗期重点防治稻瘟病、纹枯病、鞘腐病和褐变穗；田间发生过二化螟的地块，则在此期间提前防治该虫害。

2.2 江苏省水稻绿色增产增效技术模式

技术模式要诀

江苏水稻产量高，高产也要重高效。高产高效技术好，良种良法需配套。
精选稻种很必要，浸种消毒不能少。有机无机配合施，培肥秧盘育壮苗。
大田耕整要做好，适期移栽很重要。基肥适量助返青，田面水层寸半高。
蘖肥中拌除草药，适量施用应记牢。水分管理有讲究，干湿交替是妙招。
分蘖末期把田烤，地上地下水气调。拔节始期补钾肥，强壮茎秆可防倒。
穗肥施用勿小瞧，叶色穗型齐参考。大穗重保小穗促，中穗平衡施促保。
灌浆结实要管好，病虫防治听预报。高效低毒生物药，安全卫生又环保。
叶面施肥促粒饱，粒重品质两提高。适时收获减损失，高产优质又高效。

技术模式图解

适宜区域	江苏省水稻亩产 700 千克以上的机插地区。				
生育期	秧田期 5 月下旬至 6 月中旬（秧龄 18 ~ 20 天）	整地移栽 6 月中旬	分蘖期 6 月中旬至 7 月中旬	拔节长穗期 7 月下旬至 8 月下旬	灌浆结实期 + 收获期 8 月下旬至 10 月中旬
不同时期景观图片	 				
主攻目标	确保苗全、苗齐、苗壮。	施好基肥，保证大田整地和栽插质量。	早发、稳长、适时够苗。	保证足穗，主攻大穗，促进物质积累，稳健生长。	养根保叶、增大结实率与粒重、改善品质，适时收获。
生育指标	每个育苗盘匀播种子 160~180 克或干种子 120~140 克，播后撒 0.3 厘米营养土盖种。	4 叶期内移栽。	高峰苗每亩茎蘖数 28 万 ~30 万。	每亩 22 万 ~24 万穗（成穗率 ≥ 80%）。	22 万穗 / 亩，≥ 125 粒 / 穗，结实率 90%，千粒重 27 克。
主要技术措施	◆ 种子处理：选丰产，高抗条纹叶枯病和黑条矮缩病品种扬辐粳 8 号、淮稻 11、宁粳 3 号、常优 3 号、武粳 15 和徐稻 3 号等。播前晒种、精选并用 1% 生石灰澄清液或多功能专用浸种剂浸种。浸种后用清水洗净，待吸足水分后催芽。 ◆ 秧田准备：① 播前清理前茬。② 用腐熟农家肥 1500 千克 / 亩，15-15-15 复合肥 35 千克 / 亩，肥料均匀地撒施在表土。③ 旋耕碎土。④秧板宽 1.4 米、沟宽 0.3 米、沟深 0.15 米，灌水验平。 ◆ 摆放秧盘与装土：在播种前先将软盘平放于秧板上并靠紧，按每板两张放盘后，秧板上要有一层泥浆。 ◆ 撒播营养土并吸水：土层厚 2.5 厘米。用平板将盘内土层刮平。洒水或浇灌，吸水后盘内土层厚度下降到 2 厘米。 ◆ 播种：将已浸种催芽的种子每育苗盘按湿种子 160~180 克（或干重 120~140 克）匀播。每平方厘米 2~3 粒种子。播种后在秧盘上撒 0.3 厘米营养土盖种，盘内土层总厚度 2.5 厘米。 ◆ 秧田管理：齐苗后，在第一叶完全抽出 0.8~1.0 厘米时揭膜炼苗。根据病虫草害发生情况及时防治。	◆ 大田整地：做到田平、泥软、肥匀。沉淀 1~2 天再机插。机插带土小苗水深应在 1~2 厘米。 ◆ 施基肥：每亩 8 千克氮（折合尿素 17.4 千克）、3 千克 P_2O_5（折合 12.5% 过磷酸钙 24 千克）和 3 千克 K_2O（折合 60% 氯化钾 5 千克）。 ◆ 起秧、装秧和栽秧：起秧运秧时确保秧块完整无伤，装秧时秧块与秧箱配套。缺棵率控制在 5% 以内。株行距 30 厘米 × 11.7 厘米，每亩 1.6 万 ~1.8 万穴，每穴 3~4 苗，基本苗 7 万 ~8 万。	◆ 施分蘖肥：第一次在移栽后 1 周内配合化除施氮 3.5 千克 / 亩（折合尿素 7.6 千克）；第二次在移栽后第二周施氮 4.6 千克（折合尿素 10 千克）。 ◆ 水分管理：移栽 – 返青期保持浅水层，无效分蘖期多次轻搁田。 ◆ 病虫草害防治：根据预测预报重点防治条纹叶枯病、稻纵卷叶螟和水稻螟虫。	◆ 施促花肥 (7 月下旬)：群体大、叶色深 (LCC>4) 时，施 3 千克纯氮 / 亩（折合尿素 6.5 千克)；群体适中、叶色中等 (3.5<LCC<4) 时，施 4 千克纯氮 / 亩（折合尿素 8.7 千克）；群体小、叶色浅 (LCC<3.5) 时，施 5 千克纯氮 / 亩（尿素 10.9 千克），另施 6 千克 K_2O/ 亩（折合氯化钾 10 千克）。 ◆ 施保花肥 (8 月上旬)：叶色深 (LCC>4) 时，施 1 千克纯氮 / 亩（折合尿素 2.2 千克）；叶色中等 (3.5<LCC<4) 时，施 2 千克纯氮 / 亩（折合尿素 4.3 千克）；叶色浅 (LCC<3.5) 时，施 3 千克纯氮 / 亩（折合尿素 6.5 千克）。 ◆ 水分管理：间隙湿润灌溉。病虫害防治：根据预测预报重点防治二代纵卷叶螟和纹枯病等。 **注：LCC 为叶色卡读数。**	◆ 水分管理：间隙湿润灌溉（灌浅水层 – 自然落干 – 灌浅水层 – 自然落干）。 ◆ 病虫害防治：根据预测预报重点防治稻瘟病、稻曲病、稻飞虱、四代纵卷叶螟和纹枯病。 ◆ 收获：90% 谷粒和穗枝梗变黄时收获。

2.3 安徽省中籼稻绿色增产增效技术模式

技术模式要诀

立夏时节播种忙，浸种催芽助苗旺；
高产品种适播量，矮壮带蘖目标秧；
秧板湿润三叶前，浅水勤灌后秧田；
氮磷钾锌施苗床，合理配比秧苗壮；
秸秆还田肥土壤，芒种时节播秧忙；
带土直栽三蘖秧，返青长相看水浆；
株行五七恰适当，苗足晒田根系壮；
肥水控蘖促穗长，干湿灌溉高产相；
氮磷钾肥定总量，测土配方把忙帮；
基五蘖二和穗三，分期调控不能忘；
三天两头田间转，及时来把病虫防；
待到九成穗黄时，秆还田来谷进仓。

技术模式图解

适宜区域	安徽省油菜（麦）茬（含冬闲田）中籼稻，亩产 600~700 千克的地区。				
生育期	秧田期 5 月上旬至 6 月上旬	整地移栽 6 月上旬至 6 月中旬	分蘖期 6 月中旬至 7 月中旬	拔节长穗期 7 月下旬至 8 月下旬	灌浆结实期 + 收获期 8 月下旬至 10 月中旬
不同时期景观图片					 
主攻目标	培育多蘖壮秧。	适龄移栽，合理密植，保证栽插质量。	促进分蘖、培育壮苗。	控蘖壮株、防病防倒。	防病虫、防早衰、促灌浆、增粒重。适时收获。
生育指标	分蘖 3~5 个，叶龄在 6.5~7.5 叶。	秧龄 28~30 天，每亩栽 1.6 万穴，返苗快，小分蘖不减少。	每亩基本苗 9 万 ~12 万，5~7 天见新蘖。	最大分蘖 25 万 ~28 万 / 亩。	亩穗数 12 万 ~14 万，每穗粒数 150~200 个，千粒重 25~30 克。90% 稻谷籽粒黄熟。
主要技术措施	◆ 品种和种子处理：选择新两优 6 号、Ⅱ优 293 和丰两优四号等优良杂交品种。 ◆ 播期与播量：5 月 1~5 日播种；大田每亩用种 1.0 千克，秧田每亩播 10 千克。 ◆ 施苗床肥：每亩施腐熟饼肥 25~30 千克、氮肥 (N)6~8 千克，磷肥 (P_2O_5)3~4 千克，钾肥 (K_2O) 3~4 千克，硫酸锌 1 千克。 ◆ 秧田水管理：水育秧三叶期前秧板湿润为主，防止秧田裂缝；三叶期起浅水勤灌，保证水层不断水。	◆ 适龄移栽：秧龄控制在 28~30 天，栽插密度为 17 厘米 ×24 厘米。 ◆ 施基肥：亩施氮肥 (N) 5~7 千克、磷肥 (P_2O_5)3~5 千克，钾肥 (K_2O)3~4 千克。 ◆ 防治病虫害：栽后 3~5 天防治蓟马一次。	◆ 追肥：栽后 8~10 天亩追施氮肥 (N) 3~4 千克。 ◆ 水管理：追肥后，待水层自然落干再搁田 2~3 天，待早晨见秧苗心叶吐水、色绿、根系白根增多时，始上薄层水攻蘖。	◆ 追肥：每亩施氮肥 (N)4~5 千克、钾肥 (K_2O)2~3 千克。 ◆ 水管理：栽后 20~25 天或每亩基本苗达到 16~18 万时烤田控制无效分蘖，促进根系深扎。 ◆ 烤田一般在 6 月 25 日至 7 月 2 日；孕穗至齐穗期间视气温灌水，温高水宜深，反之宜浅，做到以水调温。 ◆ 防治病虫害：分蘖至孕穗期防治水稻纹枯病 1~2 次，孕穗至破口防治稻曲病 1~2 次，抽穗开始至齐穗期，防治稻瘟病、白叶枯病。	◆ 肥水管理：灌浆至籽粒充实完熟期，以湿润管理为主，适时灌跑马水确保田块湿润，同时降低株间湿度以减轻纹枯病。两系杂交稻有二次灌浆特性，必须保持浅水层，干湿交替到黄熟，以增加粒重。 ◆ 收获：选用能将水稻秸秆粉碎、抛匀的联合收割机。

2.4 四川省丘陵区水稻绿色增产增效技术模式

技术模式要诀

春耕时节旱育秧，苗床调酸不能缺。
整田开好五尺厢，沟深八寸一锄阔。
平厢之前先施肥，氮肥适量不可过。
覆膜要用优质膜，微膜盖土好效果。
错窝栽培呈三角，一般亩栽四千窝。
小苗浅栽分蘖早，穗多穗大没得说。
沟内有水平厢面，灌水别浅也别多。
高产高效要实现，病虫防治莫忽略。
丰收不能忘环保，水稻收后揭掉膜。
覆膜栽培是核心，集成技术好处多。
节水抗旱还省肥，抑制杂草真不错。
提高土温防坐蔸，减少病害有效果。
大力推广新技术，稻农齐唱丰收歌。

技术模式图解

适宜区域	四川盆地丘陵稻区，水稻亩产 600~800 千克。					
生育期	播种育苗期	整地 – 移栽期	分蘖期	拔节 – 孕穗期	抽穗期	成熟期
不同时期景观图片						
主攻目标	适时播种，培育旱秧	移栽小苗，争取低位分蘖	分蘖早生快发，控制无效分蘖	及时追肥，保大穗，防早衰	保灌浆，增粒重，防病防倒	适时收获，减少损失
主要技术措施	◆ 品种：选用丰产性好，抗稻瘟病的优质品种川香优 9838、川优泸香优 658、宜香 2115、花香 7 号等。 ◆ 适播期：秧龄控制在 15~40 天。 ◆ 采用旱育秧方式育秧。注意苗床调酸和及时揭膜练苗。	◆ 规范开厢：按 1.7 米开厢，厢沟宽 20 厘米，深 15 厘米，整平厢面。 ◆ 施足基肥：在整平厢面前，一次性全层施肥，每亩施尿素 18~22 千克，过磷酸钙 30~40 千克，氯化钾 5~7 千克。 ◆ 覆盖地膜：厢面平整后，以滚动膜捆的方法覆盖质量为一级的超微膜，使地膜紧贴厢面泥土。 ◆ 膜上打孔：覆膜后 3~7 天用特制的大三围打孔器打孔。行窝距为 40 厘米，每厢栽 4 行，每窝以三角型方式栽 3 苗，苗间距 10~12 厘米。 ◆ 及时移栽：选择阴天或晴天下午移栽，确保秧苗尽快成活。根据茬口的不同将秧龄控制在 15~40 天，移栽期尽量提前。	◆ 水分管理：移栽后保持沟中有水，膜面无水。严禁串灌、深灌。大雨过后及时排水，确保覆膜对土壤的增温效应。及时排水晒田控制无效分蘖。 ◆ 病虫害防治：重点抓好纹枯病、稻纵卷叶螟、二化螟等防治。选择对口农药及时有效地防治。	◆ 养分管理：对后期脱肥田块用浓度 1.5%~2.0% 尿素根外追肥。脱肥严重的田块，可灌深 2~3 厘米深的水后每亩撒施尿素 4~5 千克，让水自然落干。 ◆ 水分管理：间隙湿润灌溉。 ◆ 病虫害防治：根据预测预报重点防治二代纵卷叶螟和纹枯病等。	◆ 水分管理：间隙湿润灌溉。 ◆ 病虫害防治：根据预测预报防治稻瘟病、稻曲病、稻飞虱、纵卷叶螟和纹枯病。	◆ 适时收获：在收获前 15 天排水晒田。水稻成熟后及时抢晴天收割、低留稻茬，方便地膜回收。 ◆ 回收地膜：收获后及时揭膜，彻底清除残膜，防止地膜对土壤的污染。

2.5 湖北省中稻绿色增产增效技术模式

技术模式要诀

因地制宜，优选良种；
适当稀播，培育壮秧；
适龄栽插，增密足苗；
实地定氮，平衡磷钾；
分次追肥，看苗调节；
提早搁田，薄水长穗；
干湿交替，防衰饱粒；
病虫草害，统防统治。

技术模式图解

适宜区域	该技术操作规程适用于湖北省鄂西北、江汉平原和鄂东南等中稻主产区推广应用。				
生育时期	秧田期 4 月 25 日至 5 月 15 日	整地移栽期 5 月 25 日至 6 月 15 日	分蘖期 5 月 30 日至 7 月 10 日	抽穗期 7 月 15 日至 8 月 25 日	灌浆结实期 8 月 15 日至 9 月 30 日
不同生长时期景观图片					
主攻目标	培育带蘖壮秧	适密度足苗移栽	促进群体早发，主攻茎蘖数	培育健康群体，稳定穗数促大穗	主攻提高结实率，促进粒重增加
技术指标	①选好品种，把好种子质量关； ②根据前茬收获期和避开抽穗期高温确定适宜播期； ③旱育秧或湿润育秧。	①注意大田耕整质量； ②施好底肥； ③根据前茬及早移栽； ④保证密度和插足基本苗。	①适量施分蘖肥； ②保持薄水层促进分蘖； ③除草剂控制杂草。	①根据苗情适时晒田，控制无效分蘖； ②复水后在穗分化期施氮钾肥促进大穗形成。	①保持浅水层抽穗，灌浆期保持干湿交替 ②根据苗情薄施氮肥或喷施叶面肥防止早衰。
主要技术措施	◆旱育秧：选肥力较高旱地或稻田，施足腐熟有机肥；旱耕旱整地块，如果没有施有机肥，则每亩秧田施复合肥（15-15-15）40 千克；种子经选种和消毒后浸种催芽，露芽后待秧床浇湿播种厢后均匀播种；秧苗生长期间及时浇水；移栽前 5 天左右亩施尿素 7.5 千克。 ◆湿润育秧：基本过程可参见旱育秧。	◆施肥：生育期氮磷钾肥总量为亩施 10~13 千克氮肥（纯 N）、4~6 千克磷肥（P_2O_5）、7~9 千克钾肥（K_2O），地力较肥、采用早熟品种时可适当少施肥，地力较瘦、采用中迟熟品种时适当加大肥料用量。基肥中氮磷钾肥占全生育期计划用量的 40%、100% 和 50%。 ◆插秧：栽插密度每亩 1.5 万穴以上，采用宽行窄株或者宽窄行移栽。杂交稻每蔸 2 粒谷苗，常规稻 3~4 粒谷苗。无盘旱育抛栽可以按每亩抛植 68 万基本苗，抛后及时补蔸和匀蔸。	◆施蘖肥：移栽后 7~10 天追分蘖肥。分蘖肥主要施用氮肥，比例占全生育期计划用量的 25% 左右。根据水稻茎蘖数和叶色调整氮肥追施比例：茎蘖数多，叶色浓绿，叶片披垂较严重，分蘖期追肥用量可减少到全生育期计划用量的 15% 左右；分蘖发生慢，叶色偏黄，叶片短小直立，分蘖期追肥用量可增加到全生育期计划用量的 35% 左右。 ◆晒田：当水稻茎蘖数达到计划穗数的 80% 时（如多数品种可以在每亩茎蘖数达到 16 万左右）开始晒田。晒田时泥脚深、土壤质地重、肥力高的田重晒，泥脚浅的瘦田、沙壤土轻晒。	◆施穗肥：分为促花肥和保花肥两种。促花肥可以在晒田复水后施氮肥和钾肥，其中钾肥追施全生育期计划用量的 50%，氮肥比例占全生育期计划用量的 20% 左右，根据水稻群体长势长相进行调整。如群体全部封行，叶色浓绿，叶片披垂，幼穗分化期追肥用量可比计划用量减少；茎蘖数不足，叶色偏黄，群体较小，幼穗分化期促花肥用量可适当增加。保花肥于促花肥施后 7~10 天施用（总计划用量的 15% 左右），群体过大，叶色浓绿田块可不施。 ◆灌溉：复水后长穗期浅水勤灌，保持薄水层（2~3 厘米）孕穗。	◆施粒肥：抽穗期根据天气情况和水稻苗情酌情考虑是否施用。气候条件好的丰产年份，水稻长势不过旺、病虫害发生较轻的情况下可以追施粒肥以防止早衰和促进灌浆，亩追施尿素 3~5 千克。在与上述情况相反的条件下，则不能追肥以防贪青晚熟和加重病虫害。 ◆叶面喷肥：在灌浆中后期若发现水稻有早衰现象，可结合虫害防治施药时进行叶面追肥。溶液中尿素浓度为 0.1%~0.2%、磷酸二氢钾浓度 0.3%~0.5%，每亩 30~50 千克溶液。

2.6 湖南省双季稻绿色增产增效技术模式

技术模式要诀

挑选高产良种是基础，浸种消毒催芽不能少。
育出匀壮秧苗很关键，适时良法播栽要做好。
本田仔细整地少不了，要求平整膨软无杂草。
抛栽手插各有各的好，机插省力省工又高效。
基肥有机无机配合施，养分平衡供应产量高。
蘖肥穗肥比例要恰当，叶面喷肥防衰籽粒饱。
水分实时管理得强调，后期干湿交替效果好。
病虫草害防治要当心，预防治理结合要记牢。
九成熟时收获要抢时，机械收割省工效率高。
收后勤摊薄晒防质变，金黄稻谷满仓效益好。

技术模式图解

适宜区域	播种、育秧	移栽、返青、分蘖	拔节、孕穗	抽穗、开花授粉、灌浆	成熟收获
时间 早稻	3月15~20日准备秧田，3月20~30日播种	4月15~25日移栽，5月20日前为有效分蘖期	5月20日前 拔节～长穗期	6月10~23日 抽穗	7月15~23日 成熟，收获
时间 晚稻	6月13~20日准备秧田，6月15~25日播种	7月13~25日移栽，8月15日前为有效分蘖期	8月15前 拔节～长穗期	湘北9月10日前 齐穗 湘南9月20日前 齐穗	10月20~30日 成熟，收获
不同时期景观图片		 			
主攻目标	培育适龄（抛秧、机插、手插）健壮秧苗	高起点、促早发，控蘖壮株、无病虫草害	促大穗、防病虫	促过授粉结实、防早衰，促灌浆、增粒重	适时收获
技术要点	精细整地、适期播种、保温（早稻）育秧、防治病虫草害	适期移栽、合理密植、施好基蘖肥、深水活蔸、浅水分蘖、晒田控蘖、防治病虫草害	施好穗肥、防治病虫害	有水抽穗、湿润灌浆、巧施叶面肥、防治病虫害	
主要技术措施	◆品种选择：①湘南，早稻选7月25前成熟的迟熟高产品种；晚稻选9月20日以前齐穗的迟熟高产品种；②湘中，早稻选7月18日前成熟的中熟偏迟高产品种，晚稻选9月15日前齐穗的中迟熟高产品种；③湘北，早稻选7月15日前成熟的中熟品种；晚稻选9月10日前齐穗的中熟品种。 ◆育秧：①早稻，杂交稻用种量2～2.5千克/亩，旱育秧90～100克/米²，塑盘秧35～40克/盘；常规稻用种量3～3.5千克/亩，旱育秧150～170克/米²，塑盘秧35～40克/盘；②晚稻湿润育秧，用种量1～1.5千克/亩，播种量24～28克/米²。 ◆施肥：亩施20%15-15-15复合肥20千克，尿素10千克。三叶期施尿素5千克/亩。插秧前4天施用尿素5千克/亩。 ◆病虫害防治 播种前用强氯精或咪鲜胺浸种，或用包衣种子浸种。移栽前5天施药防蓟马、稻螟蛉、二化螟等病虫。	◆栽插：①早稻，人工插秧4寸×7寸或5寸×6寸；摆栽或点栽，2万穴/亩；基本苗2～3苗/穴。②晚稻，人工插秧，5寸×7寸或6寸×6寸；摆栽或点栽，基本苗2～3苗/穴。 ◆施肥：基肥在施用有机肥的基础上，①早稻插秧前1～2天施用尿素10千克/亩、过磷酸钙45千克/亩、氯化钾7～8千克/亩；②晚稻插秧前1~2天施用尿素约11千克/亩、过磷酸钙45千克/亩、氯化钾7～8千克/亩。插秧后5～7天施用尿素4～5千克/亩作分蘖肥。 ◆水分管理：移栽田深水活苗；抛秧田湿润活苗。草害防治：移栽后3～5天，结合施肥拌沙施除草剂。	◆施穗肥：穗肥在幼穗分化始期施。①早稻施尿素6千克/亩，氯化钾6～7千克/亩。②晚稻施尿素、氯化钾各6～7千克/亩。 ◆水分管理：浅水分蘖，达到所需有效穗数90%的苗数时晒田控蘖；湿润长穗。 ◆病虫害防治：①有效分蘖末期和破口前5~7天（早稻5/20、6/5前后，晚稻8/10、9/5前后）施一次杀虫剂和杀菌剂爱苗EC＋阿克泰WG＋好力克；或②对口用1.8%阿维菌素+40%毒死蜱乳油等防二化螟，井冈霉素等防纹枯病。	◆施肥：始穗至齐穗期，每亩用谷粒饱1包或磷酸二氢钾150克加水40千克叶面喷施；抽穗期若叶色偏淡且天气晴好时亩施尿素1～2千克做粒肥。 ◆灌水：有水抽穗，湿润和浅水相间干湿壮籽，收获前7~10天干水。 ◆病虫害防治：①始穗期（早稻6月15日前后、晚稻9月15日前后）施用一次杀虫剂和杀菌剂爱苗EC＋阿克泰WG＋好力克；或②对口防治，稻纵卷叶螟用50%稻丰散乳油或20%氯虫苯甲酰胺悬浮剂，稻飞虱用25%吡蚜酮，纹枯病用井冈霉素，二化螟用1.8%阿维菌素+40%毒死蜱乳油等。	◆收获：谷粒85%~90%黄熟时抢晴收割。生产中应尽量避免割青。 ◆晒谷：收割后的稻谷要及时摊晒，做到薄摊勤翻，谷粒干燥均匀。优质稻最好选用竹晒垫薄晒勤翻，防止稻米在暴晒时断裂，以提高整精米率。

2.7　广东省水稻绿色增产增效技术模式

技术模式要诀

选用良种，稀播壮秧；
亩插万八，高产基础；
总量控制，氮肥后移；
五斤纯氮，增产百斤；
基蘖穗粒，四二三一；
氮磷钾比，十〇三八；
半月保蘖，一月攻粒；
分化二期，宁迟勿早；
晒田勿重，断水勿早；
前期慢长，请勿着急。

技术模式图解

适宜区域	广东省水稻产区。					
生产目标	产量 450~500 千克 / 亩；氮肥效率：每千克纯氮生产 45 千克以上水稻。					
生育期	秧田期	整地移栽期	分蘖期	拔节长穗期	灌浆结实期	收获期
不同时期景观图片	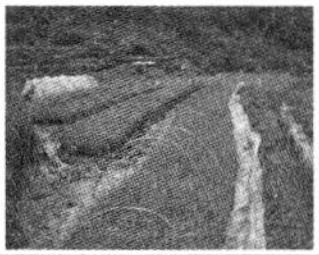					
主攻目标	培育壮秧	合理密植，插足基本苗	稳生稳长，控制无效分蘖	保蘖攻粒，培育壮根和大穗	养根保叶，籽粒充实好	适时收获
主要技术措施	◆用种量：杂交稻 1~1.25 千克 / 亩，常规稻 2 千克 / 亩。 ◆适时播种：早稻 2 月底 ~3 月上旬播种，播后盖膜保温。晚稻 7 月中、下旬播种。 ◆稀播匀播：插秧按 1 ：10 备足秧田，抛秧每亩用 434 孔秧盘 50 个或 561 孔秧盘 40 个。 ◆秧田施肥：每亩施三元复合肥 (15-15-15)25 千克作基肥，2 叶 1 心期每亩施尿素 3 千克和氯化钾 3 千克作断奶肥，移栽前 3~4 天每亩施尿素 10 千克作送嫁肥。 ◆病虫防治：移栽前 3 天喷施送嫁药。	◆整地：冬闲田应冬耕翻垡，连作晚稻田及时翻耕。 ◆施基肥：每亩施农家肥 500~1000 千克，纯氮 3.6 千克（折合碳酸氢铵 21 千克或尿素 8 千克），过磷酸钙 15~25 千克，氯化钾 6 千克。 ◆适龄移栽：早稻秧龄 30 天左右，晚稻秧龄 15~ 20 天。 ◆合理密植，插足基本苗：栽插规格 6×5 寸或 6×6 寸，或抛秧 50 盘 (434 孔秧盘）或 40 盘 (561 孔秧盘），每亩栽插或抛植 1.6~2 万穴，杂交稻每穴 1~2 苗，常规稻每穴 3~4 苗。	◆施保蘖肥：早稻插秧后 15~17 天，亩施纯氮 1.8 千克（折合尿素 4 千克）；晚稻插秧后 12~15 天，每亩施纯氮 2.3 千克（折合尿素 5 千克）。 ◆水分管理：寸水回青，回青后施用除草剂。浅水分蘖，当全田茎数达到目标穗数 80%~90% 时（早稻插秧后 25 天左右，晚稻插秧后 20 天左右）排水晒田，但不要重晒。	◆施穗肥：穗分化始期（早稻插秧后 35~40 天，晚稻插秧后 30~35 天），亩施纯氮 2.7~3.2 千克（折合尿素 6~7 千克），氯化钾 6 千克。 ◆水分管理：倒二叶抽出期（插秧后 40~45 天）停止晒田，保持水层至抽穗。 ◆病虫防治：注意防治稻瘟病、纹枯病、稻飞虱、三化螟和稻纵卷叶螟等。插秧后 45 天左右预防纹枯病一次。	◆施粒肥：破口期，叶色偏淡且天气好时，亩施纯氮 1~1.5 千克（折合尿素 2~3 千克），叶色偏绿或天气不好不施。早稻一般不施。 ◆水分管理：干干湿湿，养根保叶，收割前 7 天左右断水，不要断水过早。 ◆病虫防治：破口期防治稻瘟病、纹枯病、稻纵卷叶螟等，后期注意防治稻飞虱。	◆适时收割：当 90% 以上谷粒黄熟时抢晴天及时收割，切忌提早收割。

2.8 吉林省春玉米绿色增产增效技术模式

技术模式要诀

种玉米学科技，关键要领心中记；
分区域看土壤，东中西部有差异；
选好种良法配，种子一定要包衣；
氮磷钾用多少，测土施肥来帮你；
抢墒时整好地，蓄水保墒是前提；
深施肥补微肥，播前最好施有机；
除草剂应及时，苗前封闭要仔细；
拔节期需追肥，化控防倒别忘记；
降雨量是关键，西部雨少灌溉替；
病虫害提早防，田间管理需精细；
黑层现收获时，推迟一周最适宜；
喜丰收农民乐，高产高效没问题。

技术模式图解

<table>
<tr><td>适宜区域</td><td colspan="20">吉林省西部松原及白城等地，中部四平及长春地区；东部吉林地区的磐石、蛟河等地（桦甸等半坡耕地等除外）主要玉米生产区。</td></tr>
<tr><td>关键技术环节</td><td colspan="20">通过优化品种组合及高效施肥、机械耕作保墒保苗精量播种、病虫草鼠害防治等技术的集成，在吉林省中部地区建立以蓄水—保墒—加密—培肥—抗早衰为主体框架的高产高效技术模式。在西部半干旱地区建立以起垄（130 厘米大垄）—平衡施肥—铺滴灌带管—覆膜—破膜引苗—全程滴灌—药剂防虫—籽粒降水—机械收获—田间清膜为主体框架的高产高效技术模式。
关键技术：根据不同气候及不同土壤肥力状况，选择适宜当地熟期的品种；侧重选择耐密、半耐密型品种，确定合理种植密度；播种时候达到播深合理，深浅一致，株距相同；确定氮、磷和钾肥的合理施肥量；喷施植物生长调节剂；以种衣剂防治苗期病虫害和丝黑穗病，以生防和化防结合防治玉米螟。</td></tr>
<tr><td rowspan="2">时 间</td><td rowspan="2">10 月中旬 –11 月</td><td rowspan="2">2–3 月</td><td colspan="3">4 月</td><td colspan="3">5 月</td><td colspan="3">6 月</td><td colspan="3">7 月</td><td colspan="3">8 月</td><td colspan="2">9 月</td><td>10 月</td></tr>
<tr><td>上旬</td><td>中旬</td><td>下旬</td><td>上旬</td><td>中旬</td><td>下旬</td><td>上旬</td><td>中旬</td><td>下旬</td><td>上旬</td><td>中旬</td><td>下旬</td><td>上旬</td><td>中旬</td><td>下旬</td><td>中旬</td><td>下旬</td><td>上旬</td></tr>
<tr><td></td><td>整地</td><td>备耕</td><td colspan="4">播种</td><td colspan="3">苗期</td><td colspan="3">拔节期</td><td colspan="2">大口期</td><td colspan="3">抽雄灌浆</td><td colspan="3">成熟期</td></tr>
<tr><td>不同时期景观图片</td><td colspan="2"></td><td colspan="4"></td><td colspan="14">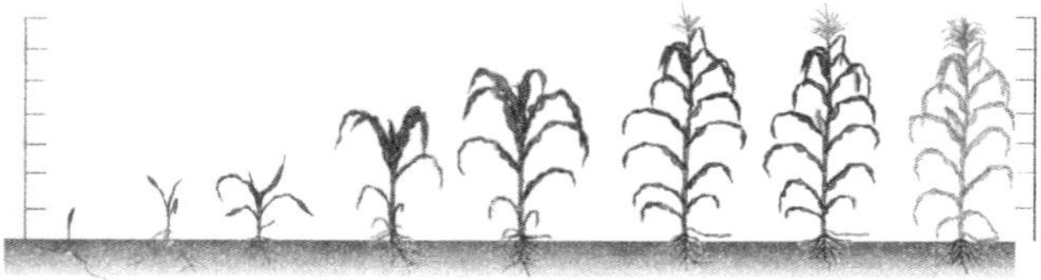</td></tr>
<tr><td>主要技术措施</td><td colspan="6">◆整地：在前作收获后及时灭茬、施肥、秋翻，耕深 18 ~ 25 厘米，耕后及时耙压、保墒，达到可播种状态。每 2 ~ 3 年轮翻一次。在秋季来不及整地的情况下，进行春整地。3 月下旬用灭茬机将根茬粉碎，通过起垄包入垄体。灭茬既要碎又要深，还田深度要达 8 厘米以上，否则影响整地及播种质量，在已清除根茬（或灭茬）的地块上进行三犁成垄，随打垄随镇压，达到待播状态。
◆底、口肥：氮肥（N）控制在 50 ~ 70 千克 / 公顷，磷肥（P_2O_5）控制在 65 ~ 75 千克 / 公顷；钾肥（K_2O）控制在 70 ~ 80 千克 / 公顷；有条件的农户可在整地前每亩表施优质农肥 1.5 ~ 2.0 米^3，适施锌、硫肥。种肥隔离。
◆种子准备：精选种子，播种前一周选晴天将种子摊在干燥向阳的地上或席上晒 2 ~ 3 天，有针对性地选择种子包衣剂。
◆播种：播种期要随春季土壤墒情状况来确定。播种作业以深开窄沟，浅覆湿土为要点，覆土厚度以镇压后 3–4 厘米为宜；采取苗带重镇压，镇压时间必须视土壤墒情而定，在种子周围土壤含水率为田间持水量的 80% 左右（手握成团，掷地可散），表层土壤因风见干的情况下进行镇压。
◆播种后，进行封闭除草。出苗后也可进行二次化学除草。</td><td colspan="11">◆深松、追肥：玉米封垄前进行深松，深松深度 30 ~ 35 厘米，幅宽 40 ~ 55 厘米。结合深松追拔节孕穗肥，追施总氮量的 65% 左右，追肥深度在 8 ~ 10 厘米。玉米氮肥最佳追施时期是抽雄之前和灌浆期，有条件的地区可在这两个时期采用喷药追肥机进行追肥，底肥和两次追肥的比例为 40%:40%:20%。
◆病虫害防治：穗期是多种病害的盛发期，主要有叶斑病（大斑病、小斑病、褐斑病、灰斑病等）和锈病等。主要防治措施为：叶斑类病害可用 50% 百菌清、50% 多菌灵、75% 代森锰锌等可湿性粉剂 500 ~ 800 倍液喷雾；玉米褐斑病和锈病发生严重时，可分别用 70% 甲基硫菌灵可湿性粉剂和 20% 三唑酮乳油喷雾防治。穗期虫害主要以有玉米螟为主。当玉米螟中等偏轻发生时，采用赤眼蜂和白僵菌等生物防治措施。当玉米螟中等偏重发生时，采用田间喷洒农药防治玉米螟成虫和幼虫。其它桃蛀螟、玉米蚜、红蜘蛛和棉铃虫等按常规方法防治。
◆化控防倒：玉米 8 ~ 9 展叶时期，喷施化控防倒药剂，以增加秸秆强度，控制植株高度，预防玉米密植栽培引起的倒伏。</td><td colspan="3">◆收获：玉米生理成熟（籽粒乳线消失，黑层出现）后 1 周左右为最佳收获期。
◆晾贮：收获后玉米及时上站子降水。站子宽为 1.2~1.5 米。
◆田间清理：秋收时留高茬 30 厘米，以达到防风固沙，保土保墒的目的。割下的秸秆要及时拉走。</td></tr>
</table>

2.9 山东省夏玉米绿色增产增效技术模式

技术模式要诀

优选品种，早熟耐密，抗倒广适；
种子精选，杀菌包衣，芽率确保。
秸秆还田，统筹耕作，提升地力；
麦后抢茬，机械精播，防病保苗。
合理密植，适当化控，整齐度高；
测土施肥，分次施氮，前控后促。
足墒播种，遇旱则浇，防倒防涝；
化学除草，病虫难料，防控要早。
不似从前，杀青砍倒，减产低效；
适期收获，国庆最好，穗大粒饱。

技术模式图解

适宜区域	山东省夏玉米区，产量 600 千克 / 亩以上。												
时间	6 月			7 月			8 月			9 月			10 月
	上	中	下	上	中	下	上	中	下	上	中	下	上
生育期	小麦收获	播种出苗	长根增叶	拔节	小喇叭口期	大喇叭口期	抽雄期	开花	灌浆	灌浆	乳熟	蜡熟	成熟
不同时期景观图片							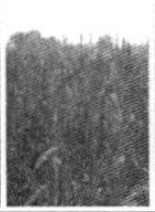		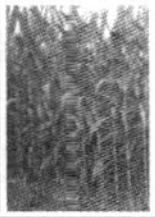			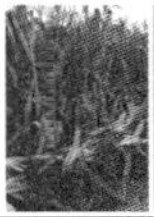	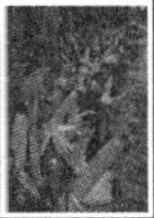
生育阶段	–	苗期（20~30 天）			穗期（27~30 天）			花粒期（45~60 天）					
生育特点	–	长根、增叶、茎节分化根系生长为中心，决定亩穗数			营养生长、生殖生长并进长叶、拔节、雄穗和雌穗分化			开花受精，籽粒形成决定穗粒数和千粒重					
技术指标	播前准备	足墒播种，一播全苗，确保密度苗齐、苗全、苗匀、苗壮			确保整齐度促叶、壮秆、争穗大			确保成熟度保叶、延衰、增粒重					
主要技术措施	◆ 品种：选早熟、耐密、抗倒、抗病虫和广适性新品种。 ◆ 种子处理：精选种子，针对性地进行种衣剂包衣或药剂拌种。 ◆ 旋耕：增施有机肥后旋耕。	◆ 播种：6 月 5~15 日麦收后足墒机械精播。干旱时浇底墒水或“蒙头水”。一般采用50~65厘米等行距。每亩用种量 2~3 千克。 ◆ 除草：墒情好时苗前用乙·阿合剂、二甲戊乐灵等封闭式喷雾。墒情差时，于幼苗 3~5 叶时喷烟嘧磺隆等除草剂，可结合中耕除草。 ◆ 间苗定苗：3 叶期间苗，5 叶期定苗。每亩留苗4500~5000 株。缺苗断垄严重时补种或移栽。 ◆ 防治病虫：防控灰飞虱传播粗缩病，及时防治地老虎、蓟马、蚜虫等害虫。 ◆ 施肥：拔节期每亩施纯氮5~7 千克、磷肥（P_2O_5）6 千克、钾肥（K_2O）9~10 千克、硫酸锌 1 千克，开沟深施，也可选用玉米专用缓控施肥，苗期一次性施入。			◆ 去分蘖，拔除小弱株：小喇叭口期及时去分蘖、拔除小弱株。 ◆ 水肥管理：大喇叭口期（第 11~12 片叶展开），每亩深施纯氮 8~10 千克。根据墒情结合追肥灌水。 ◆ 化学调控：拔节 – 小喇叭口期，对植株长势过旺的地块喷施健壮素、多效唑等植物生长调节剂，以防倒伏。 ◆ 病虫害防治：大喇叭口期前及时防治玉米螟，可用 1.5% 辛硫磷颗粒剂和细砂按 1 ：5 比例混匀后撒入心叶，每株 1.5~2 克。及时防治褐斑病，发病初期可用三唑酮、丙环唑、苯醚甲环唑等药剂防治，7 天后视病情再次防治。			◆ 补施花粒肥：灌浆期结合浇水每亩酌情追施纯氮 2~3 千克。 ◆ 灌水：开花期、灌浆期遇旱每亩分别灌水 30 方。 ◆ 防治病虫：及时防治蚜虫、金龟甲、锈病和斑病等。 ◆ 适期收获：“苞叶干枯、黑层出现、籽粒乳线消失”即籽粒生理成熟时收获，一般在 10 月 1~5 日机械收获。 ◆ 秸秆还田：可采用联合收割机收获玉米一并秸秆还田。 ◆ 其他灾害预防：①涝灾，玉米前期淹水时间不应超过 2 天，后期淹水不得超过 5 天，应酌情及时排水。②雹灾，苗期遭遇雹灾时应加强肥水管理，可喷施叶面肥促其恢复，以减少产量损失；拔节后遭遇雹灾，应及时组织科技人员到田间诊断，酌情采取相应措施。③风灾，玉米小喇叭口期前发生倒伏可以自我调节，不用人工去扶；若未受粉前倒伏需要及时扶正；若受粉后倒伏需加强病虫害的防治，视情况决定是否人工扶正。					

2.10 河北省山前平原夏玉米绿色增产增效技术模式

技术模式要诀

秸秆还田，培肥地力；
选用良种，减灾抗逆；
精选种子，包衣处理；
抢时精播，种肥一起；
保证质量，适当增密；
播后灌水，苗前封闭；
前期蹲苗，育壮根系；
八叶化控，看苗看地；
大口防螟，追施氮肥；
扬花干旱，及时浇地；
灌浆防蚜，饱满籽粒；
适当晚收，提高收益。

技术模式图解

适宜区域	河北省山前平原，夏玉米亩产 600~650 千克的地区。				
生育期	播前准备 ~ 播种 6 月中旬	出苗 ~ 拔节 6 月中旬至 7 月中旬	大喇叭口期 7 月下旬至 8 月上旬	抽雄 ~ 灌浆 8 月中旬至 9 月下旬	收获 10 月上旬
不同时期景观图片					
主攻目标	保证种子质量，确保苗全、苗齐、苗壮。	培育壮苗。	重水肥，防病虫。	防早衰、促灌浆、增粒重	适时收获
生育指标	–	郑单 958 留苗 5000~5500 株 / 亩；浚单 20 留苗 4500~ 5000 株 / 亩。	–	每亩穗数 4300~4800 个，每穗粒数 460 个左右，千粒重 330 克左右。	
主要技术措施	◆ 良种准备：选用紧凑耐密型、抗逆性强、增产潜力大，生长期在 95~105 天之间的 ◆ 郑单 958、浚单 20 等新品种包衣种子。如果是非包衣种子，播前要晒种、拣种和拌种。 ◆ 施底（种）肥：每亩施氮肥 (N)4~5 千克、磷肥 (P_2O_5)3~5 千克、钾肥 (K_2O)5~7 千克、锌肥和锰肥 1 千克。 ◆ 抢时早播：在 6 月 18 日前切茬播种，采用 60 厘米等行距种植，播后浇蒙头水 。	◆ 化学除草：在杂草出土前进行浇水或降雨后地面湿润时，每亩用 40% 乙莠玉米除草剂 0.2 ~ 0.3 千克作土壤封闭处理。 ◆ 病虫防治：用 10% 吡虫啉每桶 20 克加 4.5% 高效氯氰菊脂 30 毫升，25% 快杀灵每桶 20 毫升，进行全田喷雾，可兼治玉米田土蝗、蟋蟀、叶蝉等害虫。3 叶期间苗，5 叶期定苗。 ◆ 化控防倒：8~10 叶期用缩节胺 8~10 克加水 30 千克喷雾防倒。	◆ 水肥管理：充分利用自然降雨并保证关键生长发育时期的水分供应，一般结合浇水每亩追施氮肥 (N)8~10 千克。 ◆ 病虫害防治：重点防治玉米螟，用辛硫磷颗粒剂灌心或用 4.5% 高效氯氰菊酯乳剂或 50% 辛硫磷乳油心叶喷雾防治 。	◆ 水肥管理：充分利用自然降雨保证吐丝期 的水分供应，同时注意浇水以保证玉米灌浆对水分的需求；保证后期不脱肥。 ◆ 病虫害防治：穗期应重点防治褐斑病，用 12.5% 禾果利或 12.5% 粉锈宁叶面喷雾防治。	◆ 在条件允许的情况下尽量晚收以保证籽粒充分灌浆和成熟。一般在 9 月底 10 月初收获，保证籽粒灌浆期在 50 天以上。

2.11 河北省黑龙港流域夏玉米绿色增产增效技术模式

技术模式要诀

河北省的黑龙港，海河流域大粮仓，
当地玉米要高产，每亩留苗近五千，
每穗六百把粒产，百粒重应达六钱[1]。
秸秆还田肥土壤，种子包衣保苗全，
机械播种保密度，种肥同播苗壮健，
土肥苗密匀壮全，获取高产成一半。
追氮追钾大口期，穗大粒重都实现，
病虫草害综合治，各项措施要提前，
抗旱排涝也防倒，适时收获夺高产。

注：[1]钱：重量单位，每钱为 5 克

技术模式图解

适宜区域	河北省黑龙港区域，夏玉米目标产量 600~700 千克 / 亩。				
生育期	播前准备、播种 6 月中旬 至 6 月下旬	出苗拔节期 7 月上旬至 7 月中旬	拔节长穗期 7 月下旬至 8 月上旬	灌浆结实期 8 月中旬至 9 月下旬	收获期 10 月上旬
不同时期景观图片	 				
主攻目标	保证播种质量，力争苗全、苗齐、苗壮。	苗期管理、培育壮苗。	穗期管理、防病防倒。	防早衰、促灌浆、增粒重。	适时收获。
技术指标	做好播种前准备，抢时免耕播种，及时除草。	及时间苗、定苗，保证留苗密度。	及时追肥、防病虫害、防旱涝风雹灾害，促果穗正常发育，保证籽粒正常发育。		确保籽粒完全成熟收获。
主要技术措施	◆ 良种准备：选用适合当地的品种郑单 958、先玉 335 等，对未包衣种子进行包衣。 ◆ 前茬小麦秸秆处理：以浅旋耕方式灭茬清理小麦残茬，破除二点委夜蛾生存条件，同时也利于播种。 ◆ 播种：玉米播种期不晚于 6 月 18 日。采用 60 厘米等行距播种。播种速度尽量保持 ≤ 4 千米 / 小时匀速，防止漏播，保证播种质量。有条件时采用深松播种机播种，播种深度 5 厘米。 ◆ 施肥：随播种每亩施入氮肥（N）5~8 千克、磷肥（P_2O_5）2~3 千克、钾肥（K_2O）2~3 千克、锌肥 1~2 千克。 ◆ 浇蒙头水：即播种后根据土壤墒情及时浇蒙头水。每亩灌水量 40~45 方。 ◆ 除草：玉米播种后出苗前，可采用乙阿合剂等 100 克对水 100 千克均匀喷洒地面封闭，玉米出苗后，采用烟嘧磺隆等苗后除草剂除草。	◆ 苗期管理：及早定苗，去弱株留壮株，去双株，留单株，缺苗处尽量不补苗。对紧凑型品种亩留苗 4500~5000 株，半紧凑型品种亩留苗 4000~ 4500 株。 ◆ 控制病虫害：防治苗期玉米病害和蓟马、耕葵粉蚧等苗期虫害。	◆ 大喇叭口期及时追肥：每亩追施氮肥（N）8~10 千克、钾肥（K_2O）3~4 千克。 ◆ 防治病虫害：即穗期注意防治叶斑病、茎腐病、玉米螟，同时防粘虫和红蜘蛛。玉米螟用 1.5% 辛硫磷颗粒剂和细砂按 1 ： 5 比例混匀后撒入心叶，每株 1.5~2 克防治；粘虫用菊酯类农药防治；红蜘蛛用爱诺螨清 2 000 ~ 3 000 倍液喷洒。 ◆ 防旱、防涝、防风雹灾害：防旱即抽雄至吐丝期土壤干旱时每亩灌水 40 米^3；防涝即在涝害发生时及时排水；对受风雹灾害严重的玉米要及时清除严重倒伏的植株。		◆ 适时收获：保证籽粒灌浆期 ≥ 45 天。一般在 9 月 25 日以后，当籽粒乳线消失、黑层出现（玉米成熟的标志）时收获。

2.12 河南省夏玉米绿色增产增效技术模式

技术模式要诀

麦收之后抢种秋，优选良种定密度；
大穗稀植小穗密，精量播种打基础。
氮磷钾选专用肥，科学施用不盲目；
种肥同播氮要低，苗齐苗匀不用补。
三叶间苗五叶定，这个原则要记住；
炼苗促使齐匀壮，秆粗根多防倒伏。
植保关键有三步，三叶防治地老虎；
大口施药治螟虫，灌浆蚜虫要治住。
长到抽穗脱肥时，防衰追一些尿素；
包叶干松乳线消，黑层出现玉米熟。

技术模式图解

适宜区域	河南省有灌溉条件的夏玉米产区				
生育期	准备～播种 5月下旬至6月上旬	出苗～拔节 6月上旬至7月上旬	拔节～吐丝 7月上旬至8月上旬	吐丝～灌浆 8月上旬至9月中旬	灌浆～成熟 9月中旬至10月上旬
不同时期景观图片					
主攻目标	高质量播种，确保苗全、苗齐。	促根壮苗。	促叶、壮根、穗大。	增加穗粒数、增大粒重。	增大粒重。
技术指标	秸秆粉碎还田，残茬高度不超15厘米。	苗齐，苗壮，苗匀。	根壮、源足、空间结构合理。	保证源足，库大、流畅，提高光合强度。	养根护叶、防早衰。
主要技术措施	◆ 选种：选郑单958、浚单系列、先玉335、隆平206、豫安3号等品种。 ◆ 种子处理：种衣剂荧光假单胞菌（荧保素）或苯醚甲环唑＋钼肥拌种。 ◆ 适期播种：6月3～10日播种，40×80厘米宽窄行或60厘米等行距，株距24~26厘米，播深3~5厘米。郑单958等约为每亩4500～5000株；浚单系列等约每亩4000～4500株。隆平206、先玉335留苗3800～4200株。机收脱粒、耐密品种每亩为5500~6500株。	◆ 留苗：每亩留苗4500~5500株。 ◆ 化学除草：用烟嘧磺隆、莠去津、乙草胺等除草。 ◆ 防虫：3~5叶期用三氟氯氰菊脂喷雾。 ◆ 追苗肥：拔节期亩施纯氮4~6千克，五氧化二磷3~6千克，氧化钾4~8千克，硫酸锌2~3千克。	◆ 防玉米螟：用1.5%辛硫磷颗粒剂或杀螟丹颗粒剂，也可在玉米螟成虫盛发期用黑光灯诱杀。 ◆ 化控：在11叶前用化学抑制剂控制株高。	◆ 施肥：每亩施纯氮6~8千克，隔行条施，深施覆土，建议在距植株7厘米左右穴施，深度7~10厘米。叶面喷施锌硼和磷酸二氢钾。 ◆ 病害防治：用甲基托布津、农用链霉素等喷雾防治玉米灌浆期病害。 ◆ 用2.5%的敌杀死1000倍液或50%辛硫磷1500倍液涂抹花丝，防治玉米螟、钻心虫等。 ◆ 灌水：需水关键期，及时浇水。	◆ 补施粒肥：每亩追施纯氮2~4千克，叶面喷施锌硼和磷酸二氢钾。 ◆ 灌水：土壤干旱时及时灌水，防治早衰。 ◆ 收获：完熟期收获（包叶发白松散，乳线完全消失）时收获。

2.13 陕西省旱地春玉米绿色增产增效技术模式

技术模式要诀

优良品种是前提，
抗逆减灾须牢记。
深耕（松）改土蓄水多，
秸秆还田增地力。
地膜栽培效果好，
保墒抗旱又增产。
播期调控很重要，
适墒播种掌握好。
分次施肥好处多，
防衰增（粒）重产量高。

技术模式图解

适宜区域	陕西渭南、铜川、咸阳、宝鸡、延安、榆林市的有关县区。 中等肥力地亩产 600~650 千克，高肥力地亩产 700~750 千克。						
生育期	播种 4 月中下旬	苗期 4 月下旬至 5 月中旬	拔节期 6 月中旬	大喇叭口期 7 月上中旬	抽雄吐丝期 8 月上旬	灌浆期 8 月上旬至 9 月下旬	收获 9 月下旬至 10 月上旬
不同时期景观图片							
主攻目标	提高整地和播种质量，确保苗全、苗齐、苗壮。		培育壮苗，防病防虫，建立合理的群体结构。		防倒伏、防早衰、促灌浆、增粒重。		适时收获。
技术指标	选郑单 958 等小穗品种每亩留苗 4000~ 4500 株，选先玉 335 等中大穗品种，每亩留苗 3800~ 4200 株。		苗壮、苗匀、无病虫草害		中等肥力地每亩收获 3800~4000 株，单穗粒重 200~225 克；高肥力地每亩收获 4000~4500 株，单穗粒重 175~200 克。		
主要技术措施	◆ 整地：合墒翻耕（深度 20~30 厘米），耕后及时耙耱。 ◆ 施肥：每亩施有机肥 2000~3000 千克、尿素 13 千克、磷酸二铵 20~26 千克，锌、硼肥各 1 千克，混匀后在耕地时撒施地表，深翻入土。 ◆ 起垄、覆膜：根据大小行距离划线抢墒起垄，一般垄高 8~10 厘米、小行 40 厘米、大行 80 厘米，膜侧种植。 ◆ 化学除草：在覆膜前每亩垄面用“乙草胺”或其他苗前除草剂喷洒垄面。 ◆ 品种：选用中熟、高产、抗病、耐旱、抗倒伏的郑单 958、榆单 9 号、先玉 335 和陕单 609 等杂交种。 ◆ 播期：以土壤水分达到满足种子出苗的 13% 为指标，将播期从 4 月上中旬延长至 5 月上旬，坚持以墒情定播期，等雨适墒播种，确保出苗整齐、均匀 。 ◆ 查田护膜、及时破孔放苗。 ◆ 间苗、定苗：3~4 叶时间苗，5~6 叶时按留苗密度定苗。除去弱苗、小苗和病苗，缺株时在相邻处留双株。		◆ 除草与去蘖：定苗后中耕垄沟，松土保墒，清除杂草。及时去掉幼苗分蘖。 ◆ 追肥：结合中耕、降雨或土壤墒情，在拔节期或喇叭口期追施氮肥总量的 60%。 ◆ 防治害虫：在生长期内用辛硫磷加细沙颗粒少许放入“喇叭口”防玉米螟，同时可联防粘虫；黏虫用菊酯类农药防治；红蜘蛛用爱诺螨清防治。		◆ 人工去雄、清除弱株。及时扶起因大风、大雨引起的根倒苗。		◆ 当苞叶变黄、籽粒变硬，乳线消失时收获并将残膜拣拾干净集中处理，避免污染土壤。

2.14 山东省冬小麦绿色增产增效技术模式

技术模式要诀

秸秆还田作用大，切碎混匀是前提。
旋耕两年须深耕，松土培育壮根系。
氮肥总量要控制，磷钾微肥须注意。
品种选择要恰当，播种质量莫降低。
寒露种麦正当时，播量看种来找齐。
宽幅播种最优秀，播深勿超五厘米。
播后镇压保苗全，越冬浇水莫忘记。
春季管理看苗情，拔节前后最适宜。
孕穗开花最敏感，浇水保花又增粒。
花后控水防虫病，养根延衰长大粒。
适时收获不落粒，蜡熟末期要牢记。

技术模式图解

适宜区域	该技术操作规程适用于山东省冬小麦亩产 500 千克以上的地区。				
调控目标	亩产 500~550 千克；氮肥生产效率：每千克纯氮生产 40~45 千克小麦				
生育期	整地～播种～出苗 10 月上旬至中旬	分蘖～越冬 10 月中旬至 12 月上旬	返青～拔节～孕穗 3 月至 4 月	抽穗、开花～灌浆～成熟 5 月上旬至 6 月上旬	收获 6 月上旬
不同时期景观图片					
主攻目标	提高整地质量和播种质量，确保苗全、苗齐、苗匀、苗壮。	促进分蘖、培育壮苗、保证安全过冬。	返青期促苗早发，因群体大小适时促控春季分蘖；起身拔节期主攻穗足、壮秆、大穗、抗倒。	防病虫、防早衰、防干热风，促灌浆、增粒重。	适时收获。
技术指标	连续旋耕 2~3 年后深耕 20~25 厘米，加深耕层，不漏耕漏耙，土壤细碎无明暗坷垃，地面平整，上虚下实，底墒充足。	大穗型品种亩基本苗 18 万 ~20 万，中穗型亩基本苗 15 万 ~18 万，冬前总茎数 60 万/亩。	最大亩总茎数 70 万 ~80 万。	大穗型品种亩穗数 30 万 ~35 万，每穗粒数 40~42 个，千粒重 40~42 克；中穗型品种亩穗数 40 万 ~42 万，每穗粒数 30~32 个，千粒重 42~45 克。	
主要技术措施	◆良种选择：该区域适宜冬小麦高产品种包括济麦 22、鲁原 502、泰 农 18、山农 22 等。 ◆播前造墒：在玉米收获前 10~15 天浇水。 ◆整地：玉米秸秆粉碎长度应小于 10 厘米，旋耕 2 遍，播种后镇压以保全苗和壮苗。 ◆播期和播量：该气候区最佳播期 10 月 8~12 日，10 月 15 日以后每推迟播种 1 天增加播量 0.5 千克；播深一般为 3~5 厘米；23~25 厘米等行密播。 ◆底肥：亩施氮肥（N）5~7 千克，磷肥（P_2O_5）5~6 千克，钾肥（K_2O）5~6 千克。 ◆种子处理：首选包衣种子，非包衣种子，播前一定要拌 种和晒种。具体方法：采用 12.5% 全蚀净 200 毫升 +6 千克水，拌种 100 千克，堆闷 8 小时，晾干播种，之后用 50% 辛硫磷乳油 240 毫升，拌小麦种子 100 千克，堆闷 8 小时，晾干播种。在采取杀虫剂、杀菌剂混合拌种时，应注意先拌杀虫剂，种子堆闷、晾干后，再拌杀菌剂。	◆灌越冬水：一般在 11 月下旬到 12 月上旬土壤夜冻昼消时进行，亩灌水量 40 米 ^{3}。如果降水充足且土壤墒情较好的地块可不浇越冬水。	◆春季肥水管理：可在拔节期随灌水施入约 6~7 千克纯氮。群体偏小时应提前到起身期。 ◆化学除草：当 1 米 ^{2} 有草 3~5 株时，可用 10% 苯磺隆或 3% 世玛乳油，喷雾防除。时间以小麦起身期为宜，即 3 月 10~15 日。 ◆防治病虫害：防治纹枯病、白粉病和麦蜘蛛。此时期可根据病虫草发生情况混合用药，杀虫、治病、防草药剂可混合施用达到一喷综防。	◆后期肥水管理：保证孕穗扬花水；根据灌浆期麦田墒情确定是否浇灌浆水。亩灌水量 40 米 ^{3}。 ◆病虫害防治：5 月份要防治的主要病虫害包括：麦蚜、黏虫、吸浆虫，白粉病、赤霉病、锈病等。当达到防治指标时，及时应用对路农药化学防治。 ◆叶面追肥：开花至灌浆期，每亩叶面喷施磷酸二氢钾（0.3%~0.4%）或尿素溶液（2%~3%）50 千克，促进灌浆，提高千粒重，防止干热风危害。	◆适时收获：蜡熟末期收获。植株茎秆全部黄色，叶片枯黄，茎秆尚有弹性，籽粒含水率 22%，籽粒颜色接近本品种固有光泽、籽粒较为坚硬。

2.15 河北省山前平原冬小麦绿色增产增效技术模式

技术模式要诀

秸秆还田，培肥地力；
精选良种，种子包衣；
精细整地，配方施肥；
适时精播，深浅适宜；
播后镇压，苗匀苗齐；
春草秋治，省钱省力；
防冻保苗，冬水切记；
春季管理，重在肥水；
水氮后移，拔节最宜；
两虫两病，发中后期，
吸浆蚜虫，白粉赤霉，
一喷三防，切勿忘记；
增产增效，提高收益。

技术模式图解

适宜区域	河北省山前平原区				
目标	亩产 500~550 千克，每千克纯氮生产 40~42 千克小麦。				
生育期	整地 ~ 播种 9 月下旬至 10 月上中旬	出苗 ~ 越冬 10 月中旬	返青 ~ 拔节 3 月至 4 月	孕穗 ~ 灌浆 4 月下旬至 6 月上旬	收获 6 月上中旬
不同时期景观图片	 				
主攻目标	提高整地质量和播种质量，确保苗全、苗齐、苗壮。	促进分蘖、培育壮苗、保证安全过冬。	控蘖壮株、防病防虫防倒、建立合理群体结构。	防病虫、防早衰、促灌浆、增粒重。	适时收获。
技术指标	精细整地，选用良种，适时适量适墒播种。	每亩苗 25 万 ~30 万，冬前总茎数 70 万 ~80 万。	每亩最大总茎数 80 万 ~100 万。	每亩穗数 44 万 ~50 万，每穗粒数 33~38 个，千粒重 40~46 克 。	
主要技术措施	◆ 良种准备：选节水性、丰产性和抗逆性兼顾的石新 733、石新 828 等品种。播种前精选种子并用杀虫剂、杀菌剂及生长调节包衣或拌种，保证苗齐、苗壮，预防土传、种传病害及地下害虫。 ◆ 浇足底墒水：玉米收获前 10~15 天或收获后浇水造墒。 需抢播时，播后马上灌 " 蒙头水 " ◆ 精细整地：玉米秸秆粉碎后长度小于 10 厘米，一般粉碎 3 遍、旋耕 (深 15 厘米)2 遍，每三年深耕 (30 厘米) 一次。 每亩底肥施氮肥 (N)5~6 千克、磷肥 (P_2O_5) 4~6 千克、钾肥 (K_2O) 3~5 千克、硫酸锌 1 千克。 ◆ 播期、播量：南部适宜播期 10 月 5–15 日，最佳播期 10 月 8~13 日，每亩播量 11~13 千克、基本苗 20~25 万 / 亩；北部最适播期 10 月 5~10 日， 每亩播量 14~15 千克、基本苗 30 万左右。以后每推迟 1 天增加播量 0.5 千克；播深一般为 4~5 厘米。旋耕整地作业的播种量增加 10%~15%。特别注意播后田面镇压踏实，不跑风漏气，确保小麦越冬安全。	◆ 灌冻水：11 月下旬至 12 月上旬，日平均气温在 3~4 ℃，夜冻昼消时灌水。麦苗弱小但土壤墒 情较好的地块可不浇水。灌水量控制 ◆ 在每亩 50 $米^3$ 左右。提倡春草秋治。	◆ 施肥灌水：苗情差的地块在起身早期浇水施肥，一般苗情地块起身末期到拔节期浇水施肥。拔节肥 (4 月 5~10 日是增加粒数的最佳时期)，亩施氮肥 7~9 千克 (纯氮) 结合浇水一次施入。化学除草：春草秋 ◆ 治效果不理想的，于返青伸长期结合灌水用巨星、苯黄隆或 2，4–D 除草剂喷雾。对杂草不严重地块也可人工除草。	◆ 灌水：灌溉时期以开花期为宜。 ◆ “一喷综防”：第一次于 5 月初，在小麦抽穗开花后用杀虫剂 (吡虫啉等) 和杀菌剂 (甲基托布津、多菌灵等＋粉锈宁) 及叶面肥 (磷酸二氢钾、磷酸二铵或尿素溶液等) 混合喷施，预防蚜虫、白粉病、锈病和赤霉病等。第二次于 5 月中下旬喷一次，既能治虫、防病又能促进小麦灌浆，提高千粒重，防止干热风的危害。	◆ 适时收获：在蜡熟末期到完熟初期适时收获。种子含水量在 18% 左右时收获为佳。

2.16　河北省黑龙港流域冬小麦绿色增产增效技术模式

技术模式要诀

河北省的黑龙港，海河流域大粮仓，
当地小麦要高产，产量因素记心间。
每亩穗数五十万，每穗产粒三十三，
千粒重应七八钱①，亩产保证一千三。
水肥一体效益高，大水大肥不合算，
粪肥复肥作基肥，播前底墒很关键。
入冻时分要冬灌，清明追氮浇一遍，
麦黄浇水防天旱，扬花喷肥更高产。
播期寒露降霜间，播量三十不再添，
虫药菌药拌种播，一喷三防记心间②。
抽穗前后再喷药，防虫抗病又保产，
机械收割应及时，玉米播种腾时间。

注：①钱：重量单位，每钱5克；
②三防：指防病、防虫、防草

技术模式图解

适宜区域	河北省海河流域低平原区，主要包括衡水和沧州的全部，保定、邢台、邯郸东部及廊坊西南部的县（市）。			
目标	冬小麦亩产 450~550 千克；每千克纯氮生产 45 千克小麦。			
生育期	整地、播种 10 月上旬至 10 月中旬	出苗、越冬 10 月中旬至翌年 2 月上旬	返青 ~ 拔节 ~ 孕穗 ~ 灌浆 2 月上旬至 6 月上旬	收获 6 月上至中旬
不同时期景观图片	 			
主攻目标	保证整地和播种质量，确保苗全、苗齐、苗壮。	促进分蘖、培育壮苗、保证安全过冬。	控蘖壮株、防病虫害、防倒、防早衰、促灌浆、增粒重。	适时收获。
技术指标	精细整地，选用良种，适时适量适墒播种。	每亩基本苗 20 万 ~25 万，冬前总茎数 80 万 ~90 万。	最大每亩总茎数 90 万 ~110 万；每亩穗数 45 万 ~50 万，每穗粒数 28~34 个，千粒重大于 33 克。	
主要技术措施	◆ 播前准备：①种子质量要求纯度不低于 99.0%、净度不低于 98.0%、发芽率不低于 85.0%、水分不高于 13.0%。②种子处理中，用杀虫和杀菌药剂播前拌种以防治小麦地下害虫和土传病害。③浇足底墒水，在玉米收获前 10~15 天或收获后、或整地后浇水。每亩灌水 40~45 米 ^{3}。灌溉水矿化度≤ 3 克 / 升。④秸秆还田，玉米收获时在田间将秸秆粉碎，铺匀。⑤施用底肥，整地前每亩施氮肥（N）4~4.5 千克、磷肥（P_2O_5）6~8 千克、钾肥（K_2O）4~5 千克的肥料。⑥整地和修整垄沟，深耕 20 厘米以上，耕后耙耱，同时修整好田间灌溉用垄沟，提倡用地下管道输水。用地上垄沟输水的，垄沟宽不超过 0.7 米。 ◆ 播种：①播种期，以 10 月 2 日至 10 月 10 日为宜，不晚于 10 月 15 日。②播种形式，采用窄行等行距均匀播种，行距 15 厘米左右。③播种量，10 月 2 日至 10 日播种的播种量为每亩 10~13 千克。10 月 10 日以后播种的，每推迟 1 天每亩增加播量 0.5 千克。④播种深度要求 3~5 厘米。⑤镇压，播种后根据墒情适当镇压。⑥做畦，要求畦宽 4~5 米、畦长 7~10 米。	◆查苗补种：垄内 10~15 厘米缺苗处应及时用浸种催芽过的种子补种；分蘖期发现缺苗断垄时就地疏苗移栽补齐。补种或补栽后肥水偏管。 ◆病虫草害防治：出苗后防治土蝗、蟋蟀、灰飞虱。防治麦田阔叶杂草及雀麦草等禾本科杂草。药剂选用方法参照有关农药使用说明。 ◆灌水：土壤缺墒或土壤过暄时灌冻水。在日平均气温稳定下降到 3℃，即在“小雪”节开始由北向南顺次灌冻水。每亩灌水 40~50 米 ^{3}。灌水后及时划锄以松土保墒。	◆ 锄划：在小麦返青期前后及时锄划以增温保墒。 ◆ 浇水：一般年份在起身拔节期浇春季第一水，抽穗扬花期浇春季第二水。干旱年份还要在扬花后 10~25 天补浇第三水。每次每亩灌水量 40 米 ^{3}。 ◆ 追肥：一般结合浇春季第一水每亩一次性追施氮肥（N）8~9 千克。 ◆ 喷施化控剂：对于旺长麦田和株高偏高的品种，在起身期前后喷施化控药剂。 ◆ 病虫草害防治：返青期至拔节期，以防治麦田杂草、纹枯病、根腐病、麦蜘蛛为主，兼治白粉病、锈病。孕穗至抽穗扬花期，以防治吸浆虫、麦蚜为主，兼治白粉病、锈病、赤霉病等。灌浆期防治重点是穗蚜、白粉病、锈病。防治方法参照有关农药使用说明。	◆ 收获：完熟初期及时收获。

2.17 河南省冬小麦绿色增产增效技术模式

技术模式要诀

小麦要想产量高，科学技术掌握牢。
秸秆还田肥土壤，测土之后定肥料。
磷钾全施氮留半，氮肥后移很重要。
犁地深翻肥掩底，分层施肥效果好。
要想小麦病害少，土壤处理种衣包。
播量要看种习性，适期晚播冻害少。
安全越冬要浇水，日冻夜消是诀窍。
返青浇水防冻害，春寒后要追肥料。
气温回升查两害，红蜘蛛和纹枯病。
综合防草兼病虫，注意气温和药效。
清明前后拔节期，看苗浇水施肥料。
待到小麦抽齐穗，防治赤霉时间到。
一喷三防要提前，防干热风病虫少。
两次防治不可少，穗大粒饱产量高。

技术模式图解

适宜区域	河南省有灌溉条件的冬小麦种植区。				
生育期	整地～播种 9月下旬至10月中下旬	出苗～越冬 10月下旬至12月下旬	返青～拔节 2月中旬至3月中旬	孕穗～灌浆 4月下旬至5月中下旬	收获 6月上旬
不同时期景观图片	 				
主攻目标	提高整地质量和播种质量，确保苗齐、苗匀、苗壮。	促进分蘖、培育壮苗、保证安全过冬。	控蘖壮株、防病防倒。	防病虫、防早衰、促灌浆、增粒重。	适时收获。
技术指标	精细整地，表面没有明显的秸秆。	每亩基本苗14万～18万，冬前总茎数70万～85万。	最大亩总茎数75万～90万。	每亩穗数45万～48万，每穗粒数34～36个，千粒重40～50克。	
主要高产高效技术措施	◆ 备种：选用矮抗58、新麦26、平安8号、华育198、百农207、存麦1号等高产稳产、多抗优质品种。 ◆ 造墒：在玉米收获前10～15天浇水。 整地：玉米秸秆粉碎长度＜5厘米，深耕25厘米，耙地耙2遍，播后镇压。 ◆ 播期和播量：半冬性品种适宜播期为10月8～20日，弱春性品种为10月15～25日。 ◆ 适宜播期条件下亩播量12千克，每推迟1天亩增加播量0.5千克；播深3～5厘米。采用20厘米等行距播种或15厘米×23厘米宽窄行播种。 ◆ 底肥：亩施氮肥（纯氮）5～8千克、磷肥（P_2O_5）6～9千克、钾肥（K_2O）4～6千克。 ◆ 种子处理：首选包衣种子；非包衣种子用荧光假单胞菌（荧保素）150毫升或苯醚甲环唑30克+50%辛硫磷乳油240毫升对水6公升拌种100千克，堆闷8小时，晾干后播种。	◆ 越冬水：于夜冻昼消时进行。如果前期降水充足且土壤墒情较好，可不浇。 ◆ 化学除草：当白天气温稳定在15℃时用苯磺隆、氯氟吡氧乙酸、二甲四氯铵盐等进行化学喷雾，防治杂草。	◆ 浇拔节水、施拔节肥：在起身后期或拔节初期随灌水每亩施入6～8千克纯氮；群体偏小可酌情增加施氮量。 ◆ 化学除草：当1米^{2}有草3～5株时用氯氟吡氧乙酸、唑草酮、二甲四氯铵盐等进行化学喷雾，时间以小麦起身期为宜，即3月10～20日。 ◆ 小麦进入拔节期停止施药。 ◆ 防治病虫害：防治纹枯病、白粉病和麦蜘蛛，小麦此时期可根据病虫草发生情况混合用药，杀虫、治病、防草药剂可混合施用达到一喷综防效果。 ◆ 控制旺长：针对旺长麦田采取镇压或使用稀效唑、多效唑等进行化控。	◆ 灌水：保证孕穗扬花水；根据灌浆期气候状况、麦田墒情确定是否浇灌浆水。 ◆ 施肥：叶面追施尿素、磷酸二氢钾和硼锌等微量元素肥料。 ◆ “一喷三防”：在抽穗后扬花前进行，延缓根系衰老，预防干热风，兼防多种病虫害（麦蚜，白粉病、赤霉病、锈病等）。扬花初期喷第一次药，一周后再防治一遍。	◆ 适时收获：种子含水量在22%～25%收获最佳。

2.18 陕西省渭北旱地冬小麦绿色增产增效技术模式

技术模式要诀

旱地小麦产量高，培肥保水是诀窍；
夏季降水是个宝，集雨保墒要搞好。
秸秆还田覆地表，残膜覆盖很重要；
测土配方肥施好，分期调控要做到。
氮肥基施保稳产，早春追肥产量高；
磷钾全部做基肥，高产高效更环保。
严选良种要抗旱，适期精播保全苗；
勤看细管莫等闲，早防病虫除杂草；
一喷三防麦不倒，见好就收要记牢。

技术模式图解

适宜区域	陕西淮北旱地渭冬小麦种植区。					
目标	亩产 300~500 千克。每千克纯氮生产 40 千克以上小麦。					
生育期	7~8 月准备	9 月整地 ~ 播种	10 月至 12 月中下旬 出苗 ~ 越冬	3 月初至 4 月中旬 返青 ~ 拔节	5~6 月初 孕穗 ~ 灌浆	6 月中下旬收获
不同时期景观图片	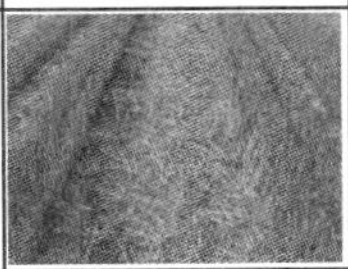			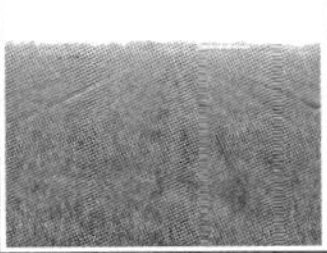		
主攻目标	蓄墒熟土。	苗齐、苗匀、苗全、苗壮。	促进分蘖、培育壮苗、保证安全过冬。	控蘖壮株、防病防倒、建立合理群体。	防病虫、防早衰、促灌浆、增粒重。	适时收获。
技术指标		每亩基本苗 18 万 ~20 万。	地上群体每亩 40 万 ~70 万。	地上群体每亩 80 万 ~120 万。	每亩穗数 40 万 ~45 万，每穗粒数 30 粒以上，千粒重 40 克以上。	
主要技术措施	◆ 耕地：秸秆还田，机械深松或深翻，覆草覆膜纳雨蓄墒。 ◆ 备种：选用长武 521、长旱 58 等抗旱优质高产品种。	◆ 整地：提前 10~15 天整地、施肥，达到匀、实、平。 ◆ 施肥：监控施肥，总量控制、因水追肥；秸秆还田。每亩施氮肥（纯 N）8~10 千克、磷肥 (P_2O_5) 6~8 千克、钾肥 (K_2O) 3~5 千克。 ◆ 种子处理：精选种子，用种衣剂或药剂拌种。 ◆ 播种：播种量为 10~12 千克，适期播种。	◆ 及时查苗补苗，防止缺苗断垄。 ◆ 抓好冬前化学除草。	◆ 早春追肥：每亩顶凌追施尿素 5~7 千克。 ◆ 化学除草：施用巨星、苯黄隆除草。 ◆ 镇压保水提墒。	◆ 叶面追肥：灌浆期每亩叶面喷施 0.5% 的尿素 +0.5% 的磷酸二氢钾混合液 50 千克。 ◆ 打药：用吡虫啉、多菌灵、粉锈宁及时防治白粉病、蚜虫。	◆ 适时收获：进入完熟期及时收获。留高茬，秸秆还田。

2.19 江苏省淮北小麦绿色增产增效技术模式

技术模式要诀

秸秆还田，培肥土壤。
精选良种，种子包衣。
适时播种，适当增密。
科学施肥，控促结合。
精确灌溉，抗旱防涝。
病虫草害，重防严治。
应急储备，防灾防倒。
适时收获，增产增效。
全程机械，保质省工。

技术模式图解

适宜区域	江苏省淮河以北地区			
生育期	整地播种 10月中旬	出苗、越冬 10月中旬至2月下旬	返青、拔节、孕穗、灌浆 2月下旬至6月上旬	收获 6月上旬
不同时期景观图片				
主攻目标	确保苗全、苗齐、苗壮。	促进分蘖、培育壮苗、安全过冬。	控蘖壮株、防病虫害、防早衰、促灌浆、增粒重。	适时收获。
技术要点	秸秆还田、精细整地、随肥整地、机械播种。	查苗补苗、除草防虫、节水保墒。	平衡施肥、防治病虫、促控结合。	
主要技术措施	◆ 良种准备：选用该地区主推的淮麦、徐麦等良种，种子需药剂包衣或拌种处理。 ◆ 秸秆还田、施肥、整地：水稻收获时秸秆切碎还田，整地前先施基肥，整地应达到“深、透、实、平、足”的标准，做到地面平整，耕层要松，土要细碎，地要干净，墒情良好。 ◆ 基肥用量：整地前每亩施氮肥（纯N）8~9千克、磷肥（P_2O_5）6~8千克、钾肥（K_2O）4~5千克。 ◆ 播期与播量：10月15日以前播种的，每亩8~10千克；10月15日以后播种的，每推迟2天每亩增加播种量0.5千克。机械播种，行距20~25厘米。 ◆ 作埂开沟：小麦播种后沿田埂、沟渠边、麦田四周开挖围沟，麦田内三条腰沟一条竖沟（田中心沟）。垄与垄之间有垄沟，其两端与围沟相通。	◆ 查苗补苗、疏苗：出苗后普查苗情，垄内10~15厘米缺苗时应及时用浸种催芽后的种子补种，分蘖期发现缺苗断垄时就地疏苗移栽补齐，补种补栽后实施肥水偏管；对麦苗过稠的田块，要及早疏苗，防止高脚苗。 ◆ 播后苗前除草：小麦播后苗前是防治麦田杂草的重要时期，幼苗期是防治杂草的最佳时期，返青期是防治杂草的补充时期。 ◆ 节水保墒：根据降水情况和土壤墒情，适时锄划保墒。12月上中旬如天气持续低温干旱，可适量浇越冬水，起到保墒、防旱、防冻的作用。浇越冬水后，越冬期适时镇压，以消除表层土壤裂隙，节水保墒。	◆ 平衡肥：一般于小麦4~5叶期每亩追施氮肥（纯N）1~2千克，促进分蘖，形成壮苗越冬。 ◆ 拔节肥：3月下旬至4月上旬小麦返青拔节期施用。一般结合降雨或浇拔节水时一次性每亩追施氮肥（纯N）3~4千克、钾肥（K_2O）2~3千克。 ◆ 孕穗肥：4月中下旬小麦倒1叶期前后每亩追施氮肥（纯N）3~4千克。 ◆ 病虫害防治：病害主要防治赤霉病、锈病、白粉病和纹枯病，虫害主要防治蚜虫、红蜘蛛和灰飞虱。	◆ 选用能将麦秸粉碎、抛匀的联合收割机，在蜡熟末期到完熟初期适时收获。收获期不宜太晚，种子含水量在14%~16%时收获为佳。

2.20 安徽省稻茬冬小麦绿色增产增效技术模式

技术模式要诀

稻茬小麦想高产，技术要点记心上。
七分种来三分管，品种首先要优良。
秸秆还田需做好，高产稳产靠土壤。
要想播种质量高，整地质量要跟上。
适期精量机播种，根据播期定播量。
缺苗断垄穗不够，追肥调控来补偿。
浅播深播都避免，三五厘米出苗壮。
氮磷钾肥要用好，测土配方来帮忙。
高产优质都想要，微肥供应要跟上。
适时灌排应做到，病虫草害需综防。
蜡熟末期适时收，麦茬还田谷进仓。

技术模式图解

适宜区域	安徽省稻茬冬小麦。				
目标	亩产 400~500 千克 / 亩，每千克纯氮生产水稻 30~40 千克。				
生育期	整地 ~ 播种 10 月中下旬	出苗 ~ 越冬 11 月中旬	返青 ~ 拔节 3 ~ 4 月	孕穗 ~ 灌浆 4 月下旬至 5 月下旬	收获 6 月上旬
不同时期景观图片					
主攻目标	确保苗全、苗齐、苗壮。	促分蘖、育壮苗、保证安全过冬。	控蘖壮株、防病防倒。	防病虫、防早衰、促灌浆、增粒重。	适时收获。
技术指标	深耕 20 厘米以上，播种行距 20 厘米，行直、不漏播、不重播，播深 3~5 厘米，深浅一致，落籽均匀，无缺苗断垄。	大穗品种每亩基本苗 20 万 ~25 万，冬前总茎数 60 万 ~75 万；多穗品种每亩基本苗 25 万 ~30 万，冬前总茎数 75 万 ~90 万。	亩最大总茎数 120 万 ~125 万	大穗品种每亩穗数 25~30 万，每穗粒数 40~45 粒；多穗品种每亩穗数 40 万 ~45 万，每穗粒数 25~30 粒。	种子含水量在 18%。
主要技术措施	◆ 良种准备：选用烟农 19、杨麦 16、皖麦 52、偃展 4110、新麦 19、郑麦 9023、连麦 2 号和泛麦 5 号等优良品种。 ◆ 整地：水稻秸秆粉碎长度应小于 10 厘米，旋耕 2 遍，深度大于 10 厘米，每 3 年须深耕一次。 ◆ 播期和播量：最适播期 10 月 15~25 日，大穗品种每亩播种量 14~16 千克，多穗品种每亩播种量 12~14 千克，25 日以后每推迟 1 天增加播量 0.5 千克 / 亩；播深一般为 3~5 厘米。20 厘米等行密播。 ◆ 基肥：每亩施农家肥 200 千克、氮肥（纯 N）6~7 千克、磷肥 (P_2O_5)4~6 千克，钾肥 (K_2O)4~6 千克，硫酸锌 1 千克。	◆ 灌冻水：当日平均气温下降到 3~5℃时（12 月中旬至次年 1 月上旬）、麦田 0~20 厘米土壤（壤土）含水量低于 20% 时，每亩灌水 30 米^3，以当天渗完为宜。 ◆ 病虫草害综合防治：播后 20 天到越冬前，除草剂防除看麦娘等禾本科杂草和猪秧秧等阔叶杂草。	◆ 追肥：拔节前期（3 月中上旬）每亩追施氮肥（纯 N）3~5 千克。 ◆ 防治病虫害：返青、拔节期防治小麦纹枯病和条锈病。	◆ 追肥：孕穗期（4 月上旬）每亩追施氮肥（纯 N)2~3 千克。 ◆ 水份管理：如果生育后期降雨量偏少，应于开花期每亩灌水 30 米^3。如果降雨量偏大，应及时开沟沥水，防止渍害。 ◆ 病虫害防治：扬花初期，气象预报连续有雨或者在 10 天内有 5 天以上降雨天气时，应防治小麦赤霉病。开花以后 4~5 天时，应防治蚜虫。	◆ 适时收获：选用能将麦秸粉碎、抛匀的联合收割机，在蜡熟末期到完熟初期适时收获。

2.21 新疆维吾尔自治区棉花绿色增产增效技术模式

技术模式要诀

秸秆全还田，培育好农田；
种子要选好，包衣不能少；
播种不抢墒，播前即造墒；
施肥必灌水，水肥不分家；
磷钾微早施，氮肥勤跟上；
灌水听指挥，瞎灌害自己；
病虫早防治，莫到重时慌；
化控和打顶，千万走规程；
机收早准备，省钱效益好。

技术模式图解

适宜区域	新疆采用覆膜滴灌栽培棉区。				
目标	籽棉产量大于430千克/亩，氮肥利用率大于50%，每千克纯氮生产棉花24千克。				
生育期	整地~播种 9月下旬至次年4月中下旬	出苗~现蕾 4月下旬至6月下旬	现蕾~开花期 7月上旬至7月下旬	花铃期 7月下旬至8月下旬	采收期 9月上旬至10月下旬
不同时期景观图片	 				
主攻目标	确保一播全苗。	促壮苗，促稳健生长。	良好水肥管理。	防病虫、防早衰、促大铃。	适时收获。
技术指标	施氮肥20%、磷钾肥50%。种子包衣。氟乐灵100~120克/亩化除。整地齐、平、墒、松、碎、净。	每亩保苗15000株左右，不脱肥，不旺长。	单株果枝数达8~9台，株高达65厘米左右。	防治棉铃虫、蚜虫、棉叶螨，强化水肥管理。	水分量<15%，严防三丝。
主要技术措施	◆ 基肥：施氮肥（纯N）3~5千克/亩、磷肥（P_2O_5）6千克，钾肥（K_2O）根据土壤状况施0~5千克/亩。深翻28~32厘米。 ◆ 种子：选用抗病性好、丰产性强、品质优的品种。 ◆ 晒种：播种前要晒种3~4天，以促种子后熟、加快出苗、减少病苗。 ◆ 包衣：每100千克种子用60% 3911乳油0.8~1千克，加种衣剂福多甲按种籽量50∶1搅拌均匀。 ◆ 灌水：冬灌每亩90~100米^3，茬灌每亩50~60米^3，春灌每亩40~50米^3，灌溉 ◆ 均匀。 化除：每亩用100~120克氟乐灵或施田补150克作土壤处理。先喷药后对角耙 ◆ 再直耙，耙深5厘米。 整地：要做到“齐、平、墒、松、碎、净”， ◆ 上松下实。 播种：宽窄行，地温10℃以上时播；选用气吸式精量播种机或半精量播种机膜上点播；播种量每亩4~5千克，播深1.5~2.5厘米，种行膜面覆土厚度1~1.5厘米。播种质量应为地膜采光面平展，常规播种每穴2~3粒，错位率、空穴率小于3%；气吸式精量播种的每穴1粒，错位率、空穴率小于2%；深浅一致，到头到边。	◆ 放苗：要及时放苗，以免形成高脚苗。 ◆ 封膜覆土：用松、碎的土壤封膜口。 ◆ 中耕：2~3次，耕深18~20厘米。 ◆ 定苗：确保一穴一株，严禁留双株。 ◆ 化控：第一次化调每亩用缩节胺1~2克。第二次化调每亩用缩节胺1~2克。	◆ 灌水：头水时间相对推迟并一水灌透以减少灌水次数。停水原则上在9月初并要保证9月份田间不缺墒。 ◆ 化控：每亩用缩节胺3~5克（第三次）或10~15克（第四次）。 ◆ 施肥：生育期内滴灌时随水施肥6~7次，每亩施尿素40~45千克、磷酸二氢钾8~10千克、微量元素肥料0.5~1千克。采取前轻、中重、后轻的原则。 ◆ 打顶：依据“枝到不等时，时到不等枝”原则，单株留果枝7~8台，株高控制在60~65厘米，7月5日前结束。	◆ 棉叶螨：6月25日前用三氯杀螨醇150克/亩、或炔螨特20~30克/亩控制棉叶螨。 ◆ 棉铃虫：性诱和人工抓捕防治。 ◆ 棉蚜：7月31日前重点做好虫情监测工作并用金世纪和啶虫脒15~20克/亩做好棉蚜中心株的人工点片防治。8月1日以后对棉蚜为害造成油叶率达10%的地块用金世纪和咤虫脒15~20克/亩普治。	◆ 人工收获：控制含水量、严防三丝混入。 ◆ 机械采收：每公顷用40%的乙烯利1.8~3.0千克对水600~750千克喷洒棉株，适期收获。

2.22 山东省覆膜春花生绿色增产增效技术模式

技术模式要诀

合理轮作，深耕改土；
精选良种，提纯复壮。
适期晚播，合理密植；
地膜覆盖，提温保墒。
破膜放苗，清棵抠枝；
平衡施肥，提倡控释。
防治病虫，科学化控；
合理排灌，烂果可防。
后期喷肥，保叶延衰；
适时收获，残膜清光。

技术模式图解

适宜区域	山东省覆膜春花生区。				
目标	花生荚果产量 400 千克，氮肥利用率提高 15%。				
生育期	整地～播种 4 月下旬至 5 月上旬	苗期 5 月中旬至 6 月中旬	开花～荚期 6 月中旬至 8 月中旬	饱果期 8 月中旬至 9 月上旬	9 月中旬收获
不同时期景观图片					
主攻目标	确保苗全、苗齐、苗壮。	促进根系深扎、侧枝健壮发育和花芽分化。	促花、控棵、保稳长。	保叶、防衰、促饱果。	适时收获。
技术要点	亩穴数 0.8 万～1.1 万，每穴 2 粒。	清棵抠枝	防旱、防徒长	防早衰、防涝	单株结果数 17～20 个，饱果率 67%。
主要技术措施	◆合理轮作：避免重茬、迎茬。 ◆播前深耕：秋末冬初耕 25～30 厘米。 ◆良种准备：选用花育 25 和丰花 5 等中早熟品种，注重品种提纯复壮。 ◆种子处理：选用籽仁饱满的种子并用药剂拌种或包衣。 ◆施肥：每亩施土杂肥 2000～3000 千克，纯氮 (N)5～7 千克，纯磷 (P_2O_5)5～7 千克，纯钾 (K_2O)6～8 千克，可将化肥总量的 40%～50% 改用控释肥，酌量施用微肥。 ◆适期晚播，合理密植：4 月底至 5 月上旬足墒起垄覆膜播种，每亩穴数 0.8 万～1.1 万，每穴 2 粒，播深 3～5 厘米，覆膜前喷施乙草胺等除草剂。	◆破膜放苗：花生顶土鼓膜时及时破膜放苗。 ◆查苗补苗：齐苗后及时查苗、补苗。 ◆清棵抠枝：主茎有 2 片复叶时，及时撤土清棵，4 片复叶时，抠出膜下侧枝。 ◆防治病虫害：防治蚜虫、蓟马危害，灌根防治根腐病。 ◆除草：杂草较多时，及时化学除草或中耕除草。	◆浇好关键水：久旱无雨、叶片刚刚开始泛白出现萎蔫时，应立即沟灌润垄或喷灌。 ◆防治病虫害：7 月中下旬防治枯萎病、叶斑病、青枯病、锈病和蛴螬、棉铃虫危害。 ◆化控：当花生主茎高达 35～40 厘米时，叶面喷施烯唑或壮饱安等，控制花生徒长。 ◆叶面喷肥：结荚末期出现早衰现象时，可叶面喷施 1% 尿素和 2%～3% 过磷酸钙混合溶液等。	◆保叶防衰：饱果初期有早衰现象时，可叶面喷施 1% 尿素和 2%～3% 过磷酸钙混合溶液等，及时喷施杀菌剂防治叶斑病，延缓衰老，保叶促果。 ◆合理排灌：遇旱应立即小水轻浇；遇涝应及时排水并揭掉地膜，以防烂果。	◆适时收获：当植株主茎剩下 3～4 片绿叶，65% 以上荚果果壳硬化、网纹清晰、果壳内壁呈青褐色斑块时，及时收获。 ◆清除残膜：覆膜花生收获时，应将地里的残膜拣净，减少田间污染。

2.23 长江中下游地区油菜绿色增产增效技术模式

技术模式要诀

旋耕灭茬，开沟防渍；
秸秆还田，封闭除草。
精选良种，适时早播；
机械播栽，调控密度。
适度灌溉，抗旱调墒；
测土配方，精确施肥。
氮磷钾硼，前促后稳；
一促四防①，抗病减灾。
机械收获，产地加工；
全程轻简，增产增效。

注：① 一促四防：一促即促进生长；四防即防花而不实、防早衰、防菌核病、防高温逼熟。

技术模式图解

适宜区域	长江中下游地区。						
目标	产量水平 200 千克 / 亩以上；每千克纯氮生产 16.7 千克以上油菜。						
生育期	整地，播种（育苗） 9 月 15~30 日	移栽 10 月 15~30 日	苗期、越冬期 10 月 25 日至 2 月 10 日	蕾薹期 2 月 10 日至 3 月 10 日	开花期 3 月 10 日至 4 月 15 日	角果发育成熟期 4 月 15 日 至 5 月 10 日	收获 5 月 10~15 日
不同时期景观图片							
主攻目标	精准播种，保全苗、促壮苗，根系发达。防草害，防旺苗和高脚苗。		抗旱、防冻、排渍，保全苗培壮苗，防早薹早花。	促分枝，防病虫	提高结角率，增加千粒重，减少脱落，防早衰阴果。		适时收获，减少落籽损失。
技术指标	播量随播期推迟而增加，9 月下旬 150 克 / 亩、10 月上旬 200 克 / 亩，10 月中旬 250 克 / 亩（苗床播种量 0.5 千克 / 亩，本田移栽密度 6500~7500 株 / 亩）。		——	直播时，单株分枝数 8 个，单株结角果 150 个左右，有效角果数 240 万 ~270 万 / 亩，角果实粒数 20 粒左右，千粒重 3.5 克左右；移栽时，单株分枝数 16 个左右，单株角果数 350~400 个，有效角果数 260 万 ~300 万 / 亩。			全田 2/3 角果成黄绿色。
主要技术措施	◆精细整地，填平脚窝，削高补低，整平田面。 ◆播种前 4~5 天用 10% 草甘膦水剂 500 毫升或 41% 农达 100 毫升对水 50 千克喷施，第一次除草。 ◆基肥：亩施入有机肥 1500 千克、尿素 10 千克、过磷酸钙 40 千克、氯化钾 6 千克、硼砂 1 千克作基肥。 ◆浇好底墒水。 ◆出苗后检查虫情，在幼虫三龄前喷药，90% 敌百虫结晶稀释 1000~1500 倍液，每亩每次用液 75 千克。	◆苗肥：定苗后，每亩施尿素 8 千克。移栽本田基肥每亩施尿素 18 千克、氯化钾 6 千克、过磷酸钙 50 千克、硼砂 0.5~1 千克。 ◆苗后茎叶处理：一般在杂草 2~4 叶期，每亩用 10.8% 高效盖草能乳油 20~30 毫升兑水 37.5 千克均匀喷雾。	◆适时灌冬水。 ◆腊肥（越冬肥）：12 月下旬每亩追施尿素 5 千克、氯化钾 2.5 千克。采用条直播的油菜大田也可每亩施畜禽栏肥 1000 千克作腊肥，结合培土防冻保暖。（移栽田元旦前每亩追施尿素 5 千克、氯化钾 2.5 千克）。	◆灌好蕾薹水，稳浇开花水，补灌角果水。若雨水过多，应清沟排水。 ◆薹肥：开春后（春节后）第二次追肥，每亩施尿素 5 千克、氯化钾 2.5 千克（移栽田春节后追施薹肥，每亩施尿素 5 千克、氯化钾 2.5 千克）。 ◆防治虫害：当 10% 的蕾或花上有蚜虫，平均每蕾有蚜虫 3~5 头时应防治。每亩每次用 40% 乐果乳剂对水稀释 1000~1500 倍液 75 千克喷雾。 ◆菌核病防治：每亩用 50% 多菌灵可湿性粉剂稀释 500 倍液、40% 的菌核净 1000 倍 75 千克，于油菜盛花期叶病株率达 10% 以上开始喷药，根据病害程度防治 1~2 次，两次间隔时间 7~10 天。			——
说明：①总施肥量纯氮 (N)12~14 千克、磷 (P_2O_5)4~6 千克、钾 (K_2O)5~7 千克。或选用等养分量的缓 / 控释肥料一次性施用。②若基肥没有施用硼肥，可分三次在苗期、薹期和初花期结合打农药喷施硼肥，浓度为 0.2%，每亩用液量 50 千克。							

2.24 渤海湾苹果绿色增产增效技术模式

技术模式要诀

施有机肥，调酸改土。
生草覆盖， 保护表层。
小水灌溉， 起垄排水。
花期防霜，壁蜂授粉。
疏花疏果，以树定产。
以产定肥，总量控制。
重施基肥，追肥后移。
少量多次，叶施钙硼。
间伐透光，果枝下垂。
早防病虫，优质丰产。

技术模式图解

适宜区域	渤海湾产量 2500 ~4000 千克 / 亩、一级果率 60% 以上苹果产区。其他地区参考使用。						
生育期	萌芽期 3~ 4 月	坐果期 4 月开花	春梢旺长期 5 月	花芽分化期 6 月	果实膨大期 7~ 9 月	成熟期 10 月果实	落叶休眠期 11 月下旬至翌年 2 月
不同时期景观图片							
主攻目标	提高土壤温度和保墒。	保花保果和疏花疏果。	控制春梢旺长。	促进花芽分化和果实套袋。	促进果实膨大；起垄排水。	提高果实品质；早施基肥。	促进养分回流和整形修剪。
技术指标	行间生草，树盘覆盖。	20~25 厘米留 1 个果。	春梢长度 40 厘米左右。	每亩果量 1.5 万 ~2.0 万个；叶面积指数 3.5~4.0。	果实直径 60~80 毫米；垄高 20~30 厘米。	果实着色度 90% 以上，可溶性固形物 14% 以上。	11 月中旬后落叶；亩枝量 6~8 万条。
主要技术措施	◆ 灌水：灌一次透水，灌后覆盖保墒。 ◆ 拉枝、刻芽：对幼龄树拉枝和刻芽，以开张角度和促进短枝形成。 ◆ 防治病虫：清园，全树喷 2 ~ 4 波美度石硫合剂 1~2 次。	◆ 花前防晚霜冻。 ◆ 花期（壁蜂）辅助授粉。 ◆ 疏花疏果。 ◆ 防治病虫：刮治枝干腐烂病；花芽露红时防治绵蚜、瘤蚜等；谢花后 7~15 天防治山楂红蜘蛛。	◆ 摘心：旺长树采取摘心、生长抑制剂等控制。 ◆ 灌水：花后 20 天灌一次透水。 ◆ 疏果：继续疏果以控制产量。 ◆ 防治病虫：注意防治轮纹病、枝干腐烂病。	◆ 施肥：套袋前根据坐果量每亩施尿素 15~25 千克、磷酸二铵 4~7.5 千克、硫酸钾 15~25 千克。 ◆ 套袋：套袋前喷 3~4 次杀菌剂 +0.2% 硝酸钙；喷后 24~72 小时套袋。 ◆ 控旺长：控制旺长树以促进花芽分化。 ◆ 防治病虫：注意防治二斑叶螨、轮纹病、枝干腐烂病和早期落叶病。	◆ 施肥：亩施尿素 7.5~11.5 千克、磷酸二铵 4~7.5 千克、硫酸钾 15~25 千克。灌 ◆ 灌溉：肥水以少量多次原则保证果实膨大；起垄沟防止内涝。 ◆ 控制旺长：旺树摘心、扭梢和拉枝，控制秋梢旺长。 ◆ 防治病虫：注意防治轮纹病、枝干腐烂病和早期落叶病。	◆ 采收：果实摘袋、摘叶、转果、铺反光膜提高品质；适时采收。 ◆ 施肥：9 月中旬至 10 月中旬（晚熟品种采收后及早）施基肥，亩施农家肥 2000 千克、尿素 15 ~ 25 千克、磷酸二铵 8~15 千克、硫酸钾 7.5~11.5 千克。 ◆ 疏除背上枝：摘袋前进行以利果实着色。 ◆ 防治病虫：注意防治早期落叶病；树干绑诱虫带防治螨类。	◆ 叶面喷肥：落叶期连续喷 3 次 0.5%~1.5% 的尿素 + 硼砂。 ◆ 灌冻水：封冻前灌一次透水。 ◆ 涂白：封冻前给枝干涂白防止冻害。 ◆ 修剪：开始修剪清园，修剪时每亩枝量控制在 6 万 ~8 万条；干高 70~120 厘米；注意培养下垂果枝。

2.25 黄土高原苹果绿色增产增效技术模式

技术模式要诀

黄土高原苹果区，国内产量居第一；
陕甘晋豫四个省，六十九县都适生；
海拔光土温湿气，优生条件皆具备；
优质耐贮无污染，形正色艳脆香甜。
高产高效技术传，良种良砧选在先；
生草覆盖施农肥，调酸起垄改园田；
及时整形又修剪，调整树势保丰产；
及时灌排防病虫，合理施肥也关键。
花期看天防霜冻，壁蜂授粉显神通；
以树定产定肥量，疏花疏果作调控；
套袋喷钙铺光膜，果大果匀色鲜艳；
分期施肥营养全，内外质优又丰产。

技术模式图解

适宜区域	黄土高原苹果产区。产量 2500 ~4000 千克 / 亩，一级果率 60% 以上地区。其他地区参考使月。						
生育期	萌芽期 3~4 月	开花坐果期 4 月	春梢旺长期 5 月	花芽分化期 6 月	果实膨大期 7~9 月	果实成熟期 10 月	落叶休眠期 11 月下旬至翌年 2 月
不同时期景观图片							
主攻目标	增土壤温度，保墒。	保花保果或疏花疏果。	控制春梢旺长。	促花芽分化，果实套袋。	促果实膨大；起垄排水。	增优质果率；早施基肥。	促养分回流，整形修剪。
技术指标	行间生草，树盘覆盖。	20~25 厘米留 1 个果。	春梢长度 40 厘米左右。	每亩果量 1.5 万 ~2.0 万个；叶面积指数 3.5~4.0。	果达 60~30 毫米大；垄高 20~30 厘米。	果实着色度 90% 以上，可溶性固形物 14% 以上。	11 月中旬后落叶；亩枝量 6 万 ~8 万条。
主要技术措施	◆ 修剪后把杂物清出果园。全树喷 2 ~ 4 波美度石硫合剂 1~2 次。 ◆ 旱作果园起垄覆膜或覆草。 ◆ 给采果后未施肥的果园及早施肥。 ◆ 萌芽前浇一次透水。	◆ 花期喷 0.2% ~0.3% 的硼砂 1~2 次。 ◆ 采用壁蜂或人工辅助授粉。开花前用熏烟、连续喷水、灌溉等防晚霜冻。 ◆ 每 20~25 厘米留一个花序。 ◆ 花露红至花序分离期全园喷布一次药剂。一般选杀菌剂、杀虫剂各 1~2 种和杀螨剂 1 种混合喷施。	◆ 去除行间大型杂草，自然生草高 30 厘米时刈割一次。 ◆ 谢花后 7~10 天开始疏果，20 天内疏完，留果间距一般为 20~25 厘米。 ◆ 注意防治红蜘蛛、霉心病、苹小卷叶蛾和轮纹病。 ◆ 套袋前结合防病虫害喷 3~4 次钙肥，再根据上年产量及今年花量施复合肥一次。	◆ 平地果园挖排水沟，将土覆在树行内成垄。 ◆ 有黄叶病的喷 2~3 次铁肥，有小叶病的喷 2~3 次硫酸锌。 ◆ 花后 20 天全园灌一次透水，此后用控水、喷抑制剂、大枝环割、扭梢、拉枝等抑制新梢旺长、促花芽分化。 ◆ 套袋前最后一遍喷药后第 48 小时起选发育好、外形正的果子套袋。套袋时间长于 7 天或遇雨再喷药剂。 ◆ 重点针对褐斑病、轮纹病、炭疽叶枯病、红蜘蛛、银纹细蛾、腐烂病等喷药。	◆ 以高氮高钾为主，7 月初开始每隔 15 天追肥 1 次，每次 0.5~1 千克 /100 个套袋果。 ◆ 根据天气适时采取“小沟快流”方式灌溉，同时追肥。 ◆ 对直立生长的枝条采取扭梢和拉枝等方式缓和长势。对内膛过多枝条最好延后处理。 ◆ 重点针对褐斑病、炭疽叶枯病、轮纹病、腐烂病、红蜘蛛、银纹细蛾等喷药，酌情防治苹果小卷叶蛾、康氏粉蚧、食叶毛虫等。	◆ 当温差较大时先去除外袋，2~3 天后去除内袋。 ◆ 摘袋前后适度去除部分挡光叶片，干旱时浇一次小水。随后垫果防果皮损伤，铺反光膜促着色。最后适时采收。 ◆ 果实采收后尽快施基肥（包括各种有机肥和化肥）。施肥用沟施法。 ◆ 在落叶前 20 天（10 月下旬）喷一次 1%~2% 尿素，隔 7 天后第二次喷 2%~3% 尿素，再隔 7 天后第三次喷 5%~6% 的尿素，每次加少量硼砂和硫酸锌。	◆ 封冻前（11 月中旬气温 -3~10℃ 时）灌一次透水，用生石灰 5~6 份 + 食盐 1 份 + 水 12.5 份 + 展着剂 0.05 份 + 动物油 0.15 份 + 石硫合剂原液 0.5 份混合后给枝干涂白防冻并杀越冬病虫源。 12 月底到 3 月 ◆ 按大枝稀小枝密、上稀下密、外稀内密原则酌情修剪，时间越晚越利于防腐烂病。 修剪后清除园内 ◆ 修剪的枝条等。

2.26 华北地区桃绿色增产增效技术模式

技术模式要诀

覆膜覆草，保水增温；
萌芽开花，严防低温。
疏花疏果，减少消耗；
果实套袋，提质增效。
夏季修剪，以疏为主；
控制氮肥，改善品质。
起垄排水，不可放松；
病虫诊断，防控结合。
适时采收，增产增效；
改土养根，培肥土壤。
用养结合，平衡施肥；
因势修剪，因树整形。

技术模式图解

适宜区域	华北地区桃树种植区，亩产 2500~3500 千克。					
生育期	萌芽开花期 3 月至 4 月上旬	幼果期 4 月中下旬	果实膨大期 5~6 月	采收期 7~8 月	采后落叶期 9~11 月	休眠期 12 月至翌年 2 月
不同时期景观图片						
主攻目标	保花、疏花	保果	增大果个	改善品质	改土养根	修剪
主要技术措施	◆ 地膜覆盖：3 月上中旬整出树盘，浇一次水，追施适量化肥（依树体地下而定）后盖地膜，四周用土压实封严。 ◆ 叶面喷肥：萌芽前追肥 / 花前花后追肥；萌芽前喷施 1%~5% 的尿素 2~3 次。开花前喷 2~3 次 0.3%~0.5% 的硼砂。 ◆ 萌芽期喷石硫合剂防治病虫害。 ◆ 抹除过多花蕾，保持合理均匀的留花距离。 ◆ 防治蚜虫。	◆ 施肥：早熟品种花后施总氮肥量的 30%、总钾肥量的 10%；中晚熟品种施总氮肥量的 30%。 ◆ 灌水：花后视土壤墒情浇水。 ◆ 疏果：先疏除小果、双果、畸形果、病虫果；其次疏除朝天果、无叶果枝上的果。选留果枝两侧、向下生长的果。长果枝上大型果留 2 个、中型果留 2~3 个、小型果留 3~4 个；中果枝上大型果留 1~2 个、中型果留 1~3 个、小型果留 2~3 个；短果枝上 2~3 个短果枝留 1 个大型果、1~3 个果枝留 1 个中型果、1 枝留 1 个小型果；2~3 个花束状果枝留 1 个大型果。对以短果枝和花束状果枝结果为主的，短枝和花束状果枝应留果。 ◆ 防病虫：重点防蚜虫。	◆ 套袋：定果后及时喷一次杀菌剂和杀虫剂再套袋，顺序为先早熟后晚熟，坐果率低的品种可晚套。 ◆ 施肥：早熟品种不施氮而施全年钾肥量的 40%，中晚熟品种施全年氮肥总量 20%，钾肥总量 50%。 ◆ 修剪：6 月上旬和采收前疏除树体上部或骨干枝上影响光照的结果枝组和直立徒长梢；疏除骨干枝上过密的结果枝组；疏除过密的新梢。修剪量不超过树体枝叶总量的 10%。 ◆ 防治椿象、梨小、蚜虫、天牛等病虫害。	◆ 果实解袋：一般在果实成熟前 10~20 天进行；不易着色的品种和光照不良的地区可适当提前解袋；解袋前，单层袋先将底部打开，逐渐将袋去除；双层袋应分两次解完，先解外层，后解内层。果实成熟期雨水集中的地区和裂果严重的品种也可不解袋。 ◆ 适时采收果实。 ◆ 防治桃穿孔病、红黄蜘蛛、天牛、梨小等病虫害。	◆ 适度深翻，熟化土壤：以果实采收后结合施肥进行为宜，时间以 9 月中旬、深度以 30 厘米为宜。 ◆ 施有机肥：最适宜时期是落叶前 1 个月，其次是落叶至封冻前，以及春季解冻至发芽前，一般一亩地施用 1000 千克有机肥，采用沿树行开沟或挖穴后施肥。 ◆ 施化肥：早熟品种施入全年氮肥总量的 70%、中晚熟品种施入 50%，磷肥一次性施入，钾肥施入全年总量的 50%。 ◆ 叶面喷肥：落叶前 20 天左右喷 3 次 0.5% 的硼砂 + 0.5% 的尿素。	◆ 修剪：每亩大骨干枝数量 100~110 个。长果枝结果品种，每亩留长枝 0.4 万~0.5 万个，总枝量在 1 万以内；中短果枝结果品种，每亩留长枝 0.2 万个以内，亩总果枝量在 1.2 万。全园覆盖率≤ 75%。 修剪个体结构要求是：树体高度低于 3 米。主枝角度在 45°~60°。同侧大型结果枝组间距保持 80 厘米以上，留侧生、斜上生结果枝组。骨干枝上每 15~20 厘米保留 1 个长结果枝（大于 30 厘米），同侧枝条间距在 30 厘米以上。 ◆ 病虫害防控：清理枯枝落叶集中深埋或烧毁；刮翘皮、树干刷白，天牛虫道堵杀。

2.27 北方葡萄绿色增产增效技术模式

技术模式要诀

早春回暖，上架萌芽；
三次夏剪，花后摘心；
基肥秋施，增产保质；
化肥追施，养分合理；
沟灌滴灌，节水省力；
病虫草害，预防为主；
清园生草，选择其一；
适时冬剪，逐年换头；
树干消毒，埋土防寒。

技术模式图解

<table>
<tr><td colspan="2">适宜区域</td><td colspan="6">河北省涿怀盆地（张家口）葡萄主产区。亩产 1500 千克 / 亩（以优质为目标，控制产量），以红地球葡萄为例。</td></tr>
<tr><td colspan="2">生育期</td><td>收获后～萌芽前
10 月至翌年 4 月</td><td>萌芽～开花
4 月 ~5 月</td><td>开花～坐果
5~6 月</td><td>坐果～着色
6~8 月</td><td>着色～成熟
8~9 月</td><td>成熟～过熟
9~10 月</td></tr>
<tr><td colspan="2">不同时期景观图片</td><td></td><td></td><td></td><td></td><td></td><td></td></tr>
<tr><td colspan="2">主攻目标</td><td>增加树体贮存养分。</td><td>促壮芽。</td><td>控花量。</td><td>提高坐果率。</td><td>促着色。</td><td>适时收获。</td></tr>
<tr><td rowspan="7">主要技术措施</td><td>修剪</td><td>◆冬剪：每株 1~2 个主蔓，主蔓 50 厘米以下不留结果母枝，每米 2 架面留 12~15 个果枝组，留 3~4 芽。</td><td>◆第一次夏剪：芽眼萌动至展叶前抹芽、定枝、新梢摘心、处理副梢。</td><td>◆第二次夏剪：绑缚新梢、花序整形、疏花疏果粒，新梢长 60~70 厘米，单株留果 30~40 串。</td><td>◆第三次夏剪：控穗疏果后及早套袋，一般在花后 15~25 天全园喷一遍杀菌剂再套袋。</td><td>——</td><td>——</td></tr>
<tr><td rowspan="2">施肥</td><td>◆秋季开宽 20 厘米、深 40 厘米沟，每亩施有机肥 1000 千克、尿素 2.2 千克。</td><td>◆每亩沟施尿素 10 千克（深 20 厘米）覆土。</td><td>——</td><td>◆每亩沟施 15-15-15 复合肥 10 千克（深 20 厘米）覆土。</td><td>◆每亩沟施 15-15-15 复合肥 10 千克，硫酸钾 24 千克（深 20 厘米）覆土。</td><td>——</td></tr>
<tr><td colspan="6">◆叶面肥：开花前喷 0.2%~0.5%的硼砂溶液以提高坐果率。坐果后到成熟前喷 3~4 次 0.2%~0.4%磷酸二氢钾以提高产量、改善品质。初花期和幼果期喷 0.2% 的硫酸锰以提高坐果率。对缺铁失绿葡萄重复喷施 0.1%~0.3% 硫酸亚铁溶液。缺锌形成小果粒时在冬剪期间用 10% 的硫酸锌溶液涂抹剪口。</td></tr>
<tr><td>灌水</td><td colspan="6">◆可采用沟灌、畦灌与滴灌等方法，提倡滴灌。每次施肥覆土后给施肥沟灌水 30 米³/亩，滴灌可节约 30% 水量；土壤结冻前灌一次封冻水。</td></tr>
<tr><td>耕作</td><td colspan="6">◆在葡萄行和株间应多次中耕除草，保持土壤疏松、无杂草；提倡葡萄园行间种绿肥或自然生草，待草长到 50 厘米以上时留茬 20 厘米刈割覆在树下。</td></tr>
<tr><td>病虫害防治</td><td>◆用 3~5 波美度石硫合剂喷枝干、铁丝及地面以清除霜霉病、白腐病、黑痘病等。</td><td colspan="5">①白粉病用 40% 福星乳油 8000~10000 倍液或 20% 粉锈宁乳油 2500 倍液喷雾；②霜霉病间隔 10 天连喷 2~3 次 40% 乙磷铝可湿性粉剂 200~300 倍液；③白腐病先把病果及病穗轴剪掉和烂果带出田外挖坑深埋，再用 10% 苯醚甲环唑 1500 倍蘸果穗；④灰霉病于花前和果实成熟前易发期间隔 10 天连喷 3 次 75% 白菌清 800 倍 +70% 代森锰锌 800~1000 倍液；⑤炭疽病间隔 7~10 天连喷 2~3 次 50% 退菌特 500~800 倍液或 20% 的粉锈宁 2000 倍液；⑥二黄斑叶蝉和绿盲椿用 2.5% 溴氰菊酯油 2000~2500 倍液混 10% 吡虫啉可湿性粉剂 3000 倍液喷雾；⑦透翅蛾间隔 7 天连喷 2 次 50% 杀螟松 1000 倍液。</td></tr>
<tr><td>埋土防寒</td><td colspan="6">◆在土壤上冻前 10~15 天选晴天午后将修剪完的主蔓下架并顺沟放倒在地面上，用细绳将主蔓捆绑在一起（双行蔓各在各的行位）。放倒时要小心防根部断裂，再用杀虫剂和杀菌剂喷雾枝干、同时淋洒根部周围土壤。喷药半天后灌透封冻水，次日在葡萄植株两侧和中间各放一层晒干的玉米秸、上面覆盖塑料膜、再埋一层土。3~5 天后再盖土加厚到 20 厘米左右。随时检查防寒土，发现有洞穴或缝隙要及时盖严。</td></tr>
</table>

2.28 重庆地区甜橙绿色增产增效技术模式

技术模式要诀

科学施肥，促发春梢；
疏删修剪，改善光照；
清园喷药，降低虫源。
喷施微肥，保花保果；
生草栽培，防旱改土；
病虫隐现，提前预防。
高钾复肥，壮果提质；
灌溉保墒，促根稳果；
针对病虫，重点防治。
防病防虫，提高品相；
成熟采收，完熟栽培；
改土施肥，养根壮树。

技术模式图解

适宜区域	重庆地区。			
生育期	春梢生长 ~ 现蕾阶段 2~ 3 月	开花 ~ 坐果 4~ 5 月	果实膨大 ~ 秋梢生长 6~ 10 月	果实发育 ~ 花芽分化 11 月翌年 1 月
不同时期图片				
主攻目标	促发春梢提高花芽 与花枝质量。	保花保果，控夏梢。	膨大果实，适量放秋梢。	恢复树势，充实结果母枝， 促过花芽分化 。
主要技术措施	◆施肥管理 方案一：每株施用高氮复合肥（如 20–10–10）1.0~1.5 千克。 方案二：每株施尿素 0.4~0.6 千克，过磷酸钙 1~1.3 千克，硫酸钾 0.3~0.4 千克。 ◆病虫害防治 3 月份是全年红黄蜘蛛防治的关键时期，可选用杀虫杀卵的药剂防治；3 月中下旬，树冠喷施杀菌剂防治炭疽病等。	◆保花保果 在花谢 3/4 时喷布一次 50 毫克 / 升赤霉素进行保花保果。缺硼果园在幼果期用 0.1% ~ 0.2%的硼砂溶液，每隔 10~15 天喷 1 次，连续喷施 2~3 次；缺锌的果园用 0.1% ~0.2%硫酸锌溶液，在幼果期喷施。 ◆病虫害防治 重点防治疮痂病、红蜘蛛、蚜虫、花蕾蛆、潜叶甲等病虫害。	◆施肥管理 方案一：6 月每株施用高钾复合肥（如 16–13–16）1.5~2.0 千克。 方案二：6 月每株施尿素 0.6~0.7 千克，过磷酸钙 0.2~0.5 千克，硫酸钾 0.5~0.6 千克。 ◆病虫害防治 重点防治锈壁虱、红蜘蛛、潜叶蛾、蚱蝉、天牛、溃疡病。	◆施肥管理 方案一：每株施用施用平衡型或 (16–13–16) 复合肥 1.0~1.5 千克，有机肥 5~10 千克。 方案二：每株施尿素 0.5~0.6 千克，过磷酸钙 0.5~0.6 千克，硫酸钾 0.3~0.5 千克，施有机肥 5~10 千克。 ◆病虫害防治 重点防除螨类和蚧类等越冬栖息的成虫、幼虫和虫卵，做到均匀、全面、彻底。

2.29 广西壮族自治区芒果绿色增产增效技术模式

技术模式要诀

芒果增产又增效，下面要点要记牢：果树浇水有诀窍，花前不浇花后浇；
选择品种是基础，早中晚熟配合好；生草覆盖可保墒，节水省事投入少；
山地果园土壤差，培肥地力很重要；三次摘花延花期，开花太多要疏掉；
扩穴改土埋粪肥，株行间距规划好；幼果太多争养分，一枝十个就不少；
幼龄果树早整形，氮肥充足要做到；果期追肥很关键，氮肥钾肥配合好；
成年果树细修剪，氮钾微肥配合好；套袋防虫又防病，果面光洁卖相好；
环沟施肥效果佳，滴灌施肥最有效；病害危害要减少，及早预防是诀窍；
有机无机配合施，果实圆润味道好；高产高效并不难，只要上面都做到。

技术模式图解

适宜区域		适于广西百色市右江河谷芒果优势产区，年平均气温在 22℃左右，降水充沛，光照充足。目标产量为 2000 千克 / 亩。						
生育期		抽芽期 8~10 月	母枝老熟期 10~11 月	花芽分化期 11 至翌年 1 月	扬花期 1~3 月	幼果期 3~4 月	果实膨大期 4~6 月	果实着色期 6~8 月
不同时期景观图片					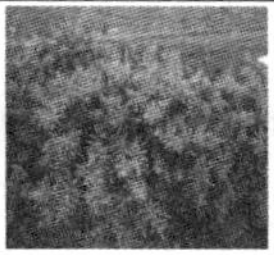			
主攻目标		促进枝梢的抽生。	培养结果母枝。	促进花芽分化。	控花保花。	疏果保果。	增大果重。	促进着色。
主要技术措施	修剪	◆秋剪（采果后）：每年的 7 月中旬~8 月中旬，以短截结果母枝为主，并适当剪除过密枝、过多主枝，回缩树冠和树冠间的交叉枝、重叠枝，剪去下垂枝和病虫枝。		◆冬剪：根据空间位置保留 1~3 条母枝，其余的抹去，留下的枝梢长至 18~20 厘米时短截，促发第二次新梢。荫闭枝、衰弱枝、重叠枝、病虫枝等，增加通风透光性，集中养分，促进花芽分化及花序抽出健康生长。		◆夏剪：疏去影响果实发育的花梗与枝条，并将畸形果、病虫害果和过小的败育果摘除，减少果实对养分的消耗，减少花梗及枝叶对芒果的摩擦损伤，增加果实的光照，使果实发育均匀，增进果实外观，提高果实品质。		
	施肥	◆攻梢肥：腐熟有机肥 20~30 千克 / 株；尿素 0.3~0.4 千克 / 株；普通过磷酸钙 0.5~1 千克 / 株；或高氮复合肥（20–10–10）1 ~ 2 千克 / 株；石灰 0.5~1 千克 / 株。		◆壮花肥：有机水肥 30~50 千克 / 株；花生麸 2~2.5 千克 / 株；复合肥（8–16–16）1.5~2 千克 / 株；硫酸镁 0.2 千克 / 株，促进芒果花的萌发和发育，提高花的质量。 ◆叶面肥：0.2% 尿素；0.2%~0.3% 磷酸二氢钾；0.2%~0.3% 硼砂；0.1% 硫酸锌；0.2% 尿素；0.2% 磷酸二氢钾，提高花器质量和座果率。		◆壮果肥：复合肥（8–16–16）1.5 ~2 千克 / 株；钾肥 0.5 千克 / 株；钙肥 0.3~0.5 千克 / 株。促进果实发育和着色。 ◆叶面肥：0.2%~0.3% 磷酸二氢钾。		
	灌溉	秋稍期，至少灌水 1 次，用量 50 千克 / 株；花芽分化期保持干旱，促进分化，花芽萌芽适量灌水促进萌发；果实生长期灌水 1~2 次，每次 30 千克 / 株。采用滴水线环沟灌溉方式，或是在施肥坑上灌溉方式，促进果树对水分的吸收。提倡采用滴灌方式。						
	园艺措施	扩穴改土：秋梢生长前期，扩穴改土促进根系生长。	生草覆盖：自然生草，适时喷药，达到覆盖效果。	压枝、扭枝、环割，促进花芽分化。	“三三制”摘花措施，推迟花期；疏花，保证花器的质量。	每枝幼果保持 10 个以内，保证营养供给。	套袋：不同材质袋子适时进行套袋。	采前 1 周除袋，促进着色；采收时防止果面损伤。
	病虫害防治	预防炭疽病等病害，预防叶瘿蚊、横线尾夜蛾、切叶象甲、叶蝉、蓟马、介壳虫等虫害，及时处理病害枝条，防止病虫的传播。		树干涂白，预防真菌病类的发生，预防天牛危害。	预防炭疽病、白粉病等病害，预防横线尾夜蛾，做到雨前雨后喷药预防。	预防炭疽病、细菌性角斑病等病害，预防蓟马、介壳虫、横线尾夜蛾和橘小实蝇等虫害，及时处理病害枝条。		预防炭疽病、蒂腐病等病害，预防橘小实蝇等虫害。

2.30 海南省芒果绿色增产增效技术模式

技术模式要诀

芒果增产又增效，栽培技术须用好：
优良品种是基础，台农贵妃为主导；
新宠澳芒和金煌，栽培管理要求高；
果园土壤要管好，有机粪肥不能少；
测土来把肥料配，水肥配合效率高；
避开北风和低温，促花保花结果早；
控氮补磷多施钾，产量高来口感好；
合理修剪很重要，通风透光病害少；
常见病害早预防，既省钱也少打药；
绿色安全品质好，价格高来效益高。

技术模式图解

适宜区域	海南全省及广东、广西、云南、四川、福建等年平均温度在 19℃以上，最冷月平均温度 11~12℃、绝对最低温度在 -3℃以上的芒果种植区。下文中生育期是以海南全省为主，广西延后推迟。目标产量 2000 千克 / 亩。						
生育期	抽芽期 5~7 月	母枝老熟期 7~9 月	花芽分化期 9~11 月	扬花期 11~12 月	幼果期 12 至翌年 1 月	果实膨大期 2~3 月	果实着色期 3~5 月
不同时期景观图片							
主攻目标	前期：枝条营养生长期控氮并适时补充中微量元素和钙镁元素，促进枝条生长的同时防止枝条贪青徒长。		中期：关注芒果树的生殖生长，注意施用硼锌等微肥和磷肥，以提高座果率和授粉质量。			后期：关注果实营养与吸收，注意适当补充氮肥、钾肥和镁钙肥。	
技术指标	修剪降低隐蔽度，促抽梢和抽花整齐度。	控梢时控制第一蓬叶为 15 片、第二蓬为 20 片为佳。	扬花期注意错开雨季和冷空气，以免阴冷湿润天气降低芒果座果率和授粉质量。			每枝条幼果后期果实数量保持在 10 个以内，树体能保证营养供给。	果皮圆润饱满无瘢痕。
技术模式	◆施肥：农家肥 20~30 千克 / 株；15-15-15 肥 0.5~1 千克 / 株；尿素 0.25~ 0.5 千克 / 株；钙镁磷 0.5~1 千克 / 株；钾肥 0.25~0.5 千克 / 株；石灰 0.5~1 千克 / 株。 ◆病虫害防治：及时将病枝、叶、花剪除集中烧毁，并及时收拾被害嫩叶集中烧毁。减少病虫源。	◆叶面喷肥：0.3% 硼砂，0.1% 硫酸锌，0.2% 尿素，0.2% 磷酸二氢钾。 ◆病虫害防治：在树干上捆缚稻草或者椰糠诱使尾夜蛾幼虫化蛹，然后烧毁。	◆叶面喷肥：0.3% 硼砂，0.1% 硫酸锌，0.2% 尿素，0.2% 磷酸二氢钾。 ◆病虫害防治：加强水肥管理以增强抗性；利用黑光灯诱杀天牛成虫，捕杀卵块。	◆施肥：尿素 0.1~0.2 千克 / 株；15-15-15 复合肥 0.2~0.3 千克 / 株。 叶面喷肥：0.2% 尿素，0.2%~0.3% 磷酸二氢钾，0.2%~0.3% 硼砂。 ◆病虫害防治：每次暴风雨过后喷施波尔多液或氢氧化铜可湿性粉剂，百菌清可湿性粉剂，72% 硫酸链霉素可湿性粉剂。		◆施肥：15-15-15 复合肥 0.3~0.5 千克 / 株；钾肥 0.5 千克 / 株；饼肥 0.2~0.5 千克 / 株。 喷施肥：0.2%~0.3% 磷酸二氢钾。 ◆病虫害防治：防治柑橘小实蝇，芒果象甲传播与扩散；利用果实套袋护果；及时摘除被害果，清除枯枝落叶和落果并集中处理；用"一果二减"法采果，减少病菌从果柄侵入；利用黄色荧光灯驱赶吸果夜蛾成虫并用手电筒捕杀。	

2.31 广东省菠萝绿色增产增效技术模式

技术模式要诀

菠萝高产与高效，品种密度很重要；
选地整地要做好，地下害虫莫小瞧；
定植增施改良剂，有机肥做基肥好；
前期养分平衡好，叶面微肥很必要；
干旱季节水勿少，冬季预防低温到；
营养生长最重要，多氮适钾要记牢；
乙烯催花有讲究，时间浓度调整好；
果实发育有妙招，增施钾肥品质高；
防治鼠害有诀窍，稻谷诱饵低毒药；
催熟时间把握好，外观价格都要保；
高产高效技术好，保证菠萝收益高。

技术模式图解

<table>
<tr><td colspan="2">适宜区域</td><td colspan="7">广东雷州半岛地区巴厘菠萝主产区，产量水平 3000~4000 千克 / 亩。</td></tr>
<tr><td colspan="2">生育期</td><td>定植期
7~8 月</td><td>缓慢生长期
8 至翌年 2 月</td><td>快速生长期
2~8 月</td><td>催花 ~ 现红期
8~9 月</td><td>果实发育期
9 至翌年 3 月</td><td>收获期
3~6 月</td><td>芽苗生长期
4~7 月</td></tr>
<tr><td colspan="2">不同时期景观图片</td><td></td><td></td><td></td><td></td><td></td><td></td><td></td></tr>
<tr><td colspan="2">主攻目标</td><td colspan="3">构建健壮植株营养体</td><td>确保统一现红</td><td colspan="2">促进果实发育，提高果实品质</td><td>培育健壮芽苗</td></tr>
<tr><td rowspan="8">主要技术措施</td><td>种植</td><td colspan="7">宽窄行种植，宽行为 50 厘米，窄行为 40 厘米，株距为 33 厘米，种植密度为 4200~4500 株 / 亩</td></tr>
<tr><td rowspan="2">施肥</td><td>◆亩施有机肥 2 000 千克、复合肥（15–15–15）50~60 千克、过磷酸钙 50~75 千克。混匀施入土壤，覆土。</td><td>◆ 亩施复合肥（22–9–9）45~50 千克、尿素 40~45 千克和氯化钾 35~40 千克。混匀采用沟施的方式施入土壤。</td><td>◆催花前 30~40 天亩施复合肥（16–6–20）45~50 千克、尿素 15~20 千克和氯化钾 7.5~10 千克混匀施入土壤。</td><td colspan="3">◆谢花后，亩施高钾复合肥 35~45 千克。</td><td>◆收获后，亩施复合肥（15–15–15）30~40 千克混匀施入土壤。</td></tr>
<tr><td colspan="7">◆叶面肥：整个生长季喷施 3~4 次叶面肥。一般用 1%~2% 尿素和 1%~2% 的氯化钾全株喷施，每亩用水量为 75~150 升；催花前用 1:1:1 的尿素、磷酸二氢钾、硝酸钾混合物的 0.4%~0.6% 根外追肥，每亩用水量为 60~75 升。</td></tr>
<tr><td>灌水</td><td colspan="7">◆每次施肥覆土后灌水 1 小时。提倡采用水肥一体化技术，于缓慢生长期分两次施肥灌水，快速生长期分 4~6 次施肥灌水，果实发育期分 2~3 次施肥灌水，肥料用量减少 15%~20%。</td></tr>
<tr><td>催花</td><td colspan="7">◆ 30 厘米长的叶片达 30 片以上时，用乙烯利 600 倍溶液 +1% 尿素溶液灌施株心，每株灌 30~50 毫升，7~10 天以后再灌株心一次。</td></tr>
<tr><td>果实膨大</td><td colspan="7">◆在菠萝开花后期喷施两次壮果肥，果面喷施 50~100 毫升 / 升的赤霉素加 1% 尿素，隔一个月再喷施 70~100 毫升 / 升的赤霉素加 1% 的磷酸二氢钾或喷施 1 克 九二零加 0.15 千克尿素，20 天后喷施 2 克九二零加 0.2 千克尿素。</td></tr>
<tr><td>病虫草害防治</td><td colspan="7">◆心腐病：用 25% 多菌灵 600 倍液浸泡菠萝的茎基 10~15 分钟，健康的植株喷施 25% 多菌灵或 70% 甲基托布津 1000 倍液于菠萝的株心。
◆黑腐病：果实采摘后要晾干或用 25% 多菌灵可湿性粉剂 1000 倍液或 70% 甲基托布津 1000 倍液喷涂伤口。
◆黑心病：增加菠萝中钙的浓度，低温打蜡，低温贮藏。
◆凋萎病：用 50% 马拉松乳油加 50% 甲基托布津可湿性粉剂 400 倍液和 1%~2% 尿素混合喷洒病株。
◆蛴螬：用黑光灯诱杀成虫和 2% 灭扫利乳油 2000 倍液喷喷施在菠萝叶片上杀死成虫。定植时，用 5% 辛硫磷乳油 500 倍液杀死幼虫。
◆菠萝粉蚧：使用 30% 吡虫・噻嗪酮悬浮剂、80% 吡虫啉可湿性粉剂和 40% 杀扑磷乳油。
◆杂草：种植后 2 个月喷施 80% 莠灭净可湿性粉剂和 80% 除草定可湿性粉剂，兑水 30~45 升喷雾。</td></tr>
<tr><td>防寒</td><td colspan="7">◆定植前深耕，增施肥料；及时关注天气变化，低温来临之前覆盖稻草提高菠萝的御寒能力，采用束叶法防冻。</td></tr>
</table>

2.32 广西壮族自治区一代春植蕉绿色增产增效技术模式

技术模式要诀

深耕起垄，调酸改土；
垄底施肥，重用有机；
合理密植，栽后覆膜；
补苗调苗，保质保量；
前期高氮，勤施薄施；
平衡氮钾，增钙补镁；
果实发育，一氮二钾；
健康栽培，综合防病；
培土养根，保青叶数；
抹花套袋，护皮保果；
绑绳立桩，预防强风；
适时停肥，无伤采收；
合理留芽，覆膜越冬。

技术模式图解

适宜区域	广西春季新植蕉亩产 2700 千克以上蕉园，宿根蕉和秋植蕉请根据物候期参考使用。						
生产目标	商品率 95% 以上，产量 2700 千克 / 亩以上。						
物候期	3 月 定植期	4~5 月 苗期	6 月 营养生长期	7~8 月 花芽分化期	9~11 月 果实生长期	12 月至翌年 1 月 采收期	2~4 月 母株衰亡期
不同时期景观图片							
主攻目标	保苗	壮苗	防病、防虫	促花芽分化	护果、保叶	后期无伤化采收	清园
技术指标	种植密度 120~130 株 / 亩。	叶片翠绿，茎秆坚韧，根系健康。	叶片青绿，假茎健壮，球茎膨大。	青叶数≥ 10 张，吸芽健康，球茎现蕾围茎≥ 70 厘米。	蕉指干净、无畸形，现蕾青叶数≥ 13 张，留把 7~9 梳 / 株。	成熟度：6.5~7.0 成；单株产量：27.5~32.5 千克；果面光滑、果色鲜亮。	蕉园清洁，地膜完整，子株健壮。
主要技术措施	◆整地：机械翻耕（深度≥ 20 厘米），根据土壤酸碱度施适量石灰，开园建议用量 150 千克 / 亩，旋耕后开行。◆起垄、施肥：起垄间距 2.6 米，垄底施用足量有机肥（7.5~12.5 千克 / 株）与钙镁磷肥（1.5 千克 / 株）。◆定植、覆膜：株距 2 米，定植后及时覆膜、灌溉定植水；◆病虫害防控：及时防治蚜虫、斜纹夜蛾、疫病。	◆补苗。◆水肥管理：保证田间湿润，肥料分 4~6 次完成，共投入：氮肥（纯 N）19 克 / 株，钙肥（CaO）27 克 / 株，钾肥（K_2O）36 克 / 株，镁肥（MgO）13 克 / 株，磷肥（P_2O_5）2 克 / 株，锌肥（ZnO）：4 克 / 株。◆人工除草除芽：除草以人工拔除为主，除芽高度需≥ 30 厘米。病区需要每次对工具进行消毒，或根本不操作。◆病虫害防控：及时防治象甲、线虫、蚜虫、斜纹夜蛾、束顶病、花叶心腐病、鞘腐病、病毒病。	◆日常水肥管理：保证田间湿润，肥料分 3~5 次完成，共投入：氮肥（纯 N）22 克 / 株，钙肥（CaO）25 克 / 株，钾肥（K_2O）54 克 / 株，镁肥（MgO）12 克 / 株，磷肥（P_2O_5）：12 克 / 株，硼肥（B_2O_3）5 克 / 株。◆人工除草除芽：除草以人工拔除为主，除芽高度需≥ 30 厘米。病区需要每次对工具进行消毒，或根本不操作。◆病虫害防控：及时防治象甲、线虫、网蝽、红蜘蛛、束顶病、花叶心腐病、鞘腐病。	◆日常水肥管理：避免田间积水，肥料分 8~12 次完成，共计：氮肥（纯 N）62 克 / 株，钙肥（CaO）55 克 / 株，钾（K_2O）291 克 / 株，镁（MgO）38 克 / 株，磷肥（P_2O_5）12 克 / 株，硼（B_2O_3）1.7 克 / 株。◆人工除草除芽：除草以人工拔除为主，除芽高度需≥ 30 厘米。病区需要每次对工具进行消毒，或根本不操作。◆选芽定芽：根据下一年预期上市的时间选留下一代子株，初次留芽留取两株，待子株长势稳定后除去备选芽。◆病虫害防控：及时跳甲、网蝽、红蜘蛛、黑星病、叶斑病、鞘腐病。	◆抹花、套袋、护果、绑绳、安置顶木；保证果面干净，无病斑；对断蕾植株进行标记和清点。◆蕉果防寒措施：冬季和春季销售的香蕉在套袋时需要在紧身袋外部包裹珍珠棉保温。◆水肥管理：避免田间水分剧烈变动，肥料分 5~6 次完成，蕉园整体现蕾率 5% 时控氮 2 周，收获前 30 天停肥，共计：氮肥（纯 N）13 克 / 株，钙肥（CaO）22 克 / 株，钾肥（K_2O）117 克 / 株，镁（MgO）10 克 / 株。◆攻蕾肥（每株，蕾叶展开前施）硫酸钾镁 0.15 千克、复合肥 0.25 千克。◆病虫害防控：及时防治蓟马、网蝽、线虫、黑星病、叶斑病、鞘腐病等。	◆无伤化采收：采用抱砍、吊砍、挑蕉等方式避免采收过程出现果皮擦伤。◆病虫害防控：原则上采收前 1.5 个月以内禁止使用任何具有毒性的农药，如发现叶片出现病害可以使用安全性高的药物配合腐殖酸喷施叶面，该时期需要注意及时防治象甲、线虫、黑星病、叶斑病等。◆施越冬肥：每株采收后施有机肥 5~8 千克、复合肥 0.25 千克、钙镁磷肥 1 千克（如土壤不是很酸可以替换为 0.25 千克硫酸镁）。◆覆盖地膜：用两张地膜从两侧包住母株和子株蕉头，全园覆盖，覆土压实。	◆及时清园：卖蕉后及时清除老叶、病叶、绑绳、套袋等农业垃圾，避免病虫害滋生。◆防寒：保持蕉园土壤湿润，待水源温度上升后灌溉；急剧降温前针对低洼地植株喷施氨基酸、防冻剂或于后半夜熏烟。◆日常水肥管理：气温低于 15℃时停肥，气温高于 20℃的晴天施钙肥、镁肥和硼肥，该时期共施硝酸铵钙 70 克 / 株、硫酸镁 35 克 / 株、硼酸 30 克 / 株，硫酸镁和硝酸铵钙避免同时通过水肥供给，会生成沉淀。

2.33 华北地区日光温室黄瓜绿色增产增效技术模式

技术模式要诀

温室黄瓜种植模式多，大家来把要诀记心间。
选定抗逆品种和季节，穴盘播种育苗保壮根。
控风控温控湿是前提，为得壮苗一定要重视。
栽培水肥合理是关键，灌溉方式茬口是条件。
产量养分需求要重视，土壤墒情供肥要保证。
粪肥合理基施要注意，分别新老菜田盐碱土。
化肥施用总量要控制，施肥灌水应少量多次。
单施叶面喷施中微肥，确保果实产量品质高。
防病虫害应是重中重，注意灰霉白粉斑潜蝇。
适时收获植株调整好，稳扎稳打保障收益高。
现代农业虽然显优势，高产高效实现仍不易。
栽培水肥植保齐抓起，丰收梦想就会成现实。

技术模式图解

适宜区域	适宜华北地区（京郊、天津、河北、山东等地）。主栽品种为中农 19 号、中农 29 号、北京 101 号、津优 20 号、津优 5 号。					
产量目标	冬春茬 8000~10000 千克 / 亩，秋冬茬 5000~6000 千克 / 亩。 注：冬春茬 1 月下旬，秋冬茬 8 月底；定植：冬春茬 2 月底，秋冬茬 9 月底。					
生长时期	25~35℃条件下，发芽需 10 天左右播种发芽期	7~10 天幼苗期	1~2 天定植期	20~25 天开花坐果期	5~7 天果实膨大期	90~110 天 采收期
不同时间景观图片				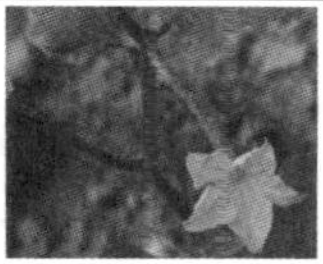		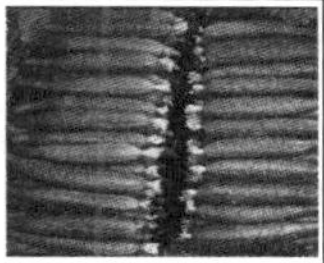
主攻目标	确保苗全，苗齐，苗壮。	控水蹲苗。 防病、防虫		保花保果， 促营养生长。	保水肥供应， 促生殖生长。	保水肥供应， 促增产提质。
主要技术措施	◆育苗基质准备：草炭：蛭石：珍珠岩 = 3：1：1； ◆种子处理：浸种、催芽后播种；幼苗管理嫁接壮苗：株高 10~15 厘米，3~4 叶一心即可定植。	◆施肥：8000~10000 千克 / 亩粗杂有机肥或者 4000~5000 千克 / 亩粪肥；老菜田在施用 3000~4000 千克 / 亩粪肥的基础上，混合施用 1000~2000 千克 / 亩秸秆。 ◆灌溉：定植水灌溉量 30~40 米 ^{3}/ 亩，定苗后 3~5 天及时浇水促缓苗。之后根据天气状况控水蹲苗，直至根瓜坐瓜。 ◆病虫害防治：重点防治根节线虫病。采用控制氮肥用量和化学药剂防治相结合的方法。		◆施肥：定植 30天开始追肥，以 16-20-14 等含微量元素高磷配方肥为主，施用 3次，间隔 7~10天，冬春茬每次施 10千克 /亩，秋冬茬 5千克 /亩。 ◆灌溉：灌水均为 10~12 米 ^{3}/亩。 ◆叶面喷肥：叶面喷施镁、硼。 ◆病虫害防治：重点防治灰霉病、霜霉病。	◆施肥：进入膨果采收期追施 18-5-27 等含微量元素高钾型配方肥，追施 9 次，间隔 7~10 天，冬春茬前期每次施用 10 千克 / 亩，后期每次施用 5 千克 / 亩；秋冬茬每次 施用 5 千克 / 亩。 ◆灌溉：冬春茬前期灌水 10~12 米 ^{3}/ 亩，后期 12~15 米 ^{3}/ 亩；秋冬茬冬季灌水要看土、看苗、看天气，12 月初至翌年 1 月下旬控制浇水，其他时间每次灌水 10~12 米 ^{3}/ 亩。 ◆叶面喷肥：叶面喷施钙肥。 ◆病虫害防治：重点防治灰霉病、白粉病、细菌性角斑病和斑潜蝇。	

2.34 设施番茄绿色增产增效技术模式

技术模式要诀

番茄高效又高产，掌握技术并不难。一年两季加休闲，秋冬冬春和夏天。种植品种要选准，抗病耐冷又丰产。育苗买苗都可以，苗匀苗壮是关键。定植工作准备好，有机肥料须优先。新老菜田量不同，均匀撒施后耕翻。休闲闷棚或填闲，秸秆加上石灰氮。要问何时来定植，苗子有叶三四片。要想省钱又好管，起垄栽培加滴灌。选择阴天或午后，栽后即把浅水灌。温度肥水与通风，精心管理莫等闲。前期重氮后期钾，微量元素喷叶面。水润根层最理想，不可过湿与过干。吊蔓打杈后封顶，摘除基部老叶片。白粉霉病早晚疫，及早防治不可晚。果实采收看行情，天气运输虑周全。

技术模式图解

适宜	设施番茄一年两茬地区。一年两季目标总产量为 10000 千克 / 亩 。节肥 30%，节水 30%。			
生育期	育苗整地定植	开花期	植株调整	采收期
不同时期景观图片			  	
主攻目标	选品种、育壮苗；闷棚消毒；整地，定植。	保花促果。	植株调整，优化水肥管理。	适时采收，拉秧。
技术指标	◆壮苗：高 12~15 厘米，3~4 片真叶，茎粗 0.3~0.4 厘米，无病虫害。 ◆定植密度：每畦 2 行，行距 0.70 米，同行株距 0.35~0.40 米， 2700 株 / 亩。	每花序保留 3~4 朵花结果，疏除多余花果；冬春茬留果 4~5 穗；秋冬茬留果 8 穗 。	吊蔓、打杈、封顶及摘除基部病老黄叶。	根据行情、天气、运输距离等决定采摘期。
主要技术措施	◆品种：冬春茬选美粉宝石、宝莱和欧盾等耐低温、抗病品种。 秋冬茬选布鲁斯特、以色列 6 号、倍盈和 1420 等耐低温、耐弱光、抗病品种。 ◆整地：新菜田施干鸡粪 1000 千克 / 亩、普钙 100 千克 / 亩；老菜田施堆肥或饼肥 500 千克 / 亩，不施磷或施普钙 500 千克 / 亩。统一施硫酸钾 10 千克 / 亩。撒肥后深翻 20~30 厘米。作畦（南北向、宽 1.0 米、间距 0.4 米）。 ◆定植前准备：①冬春茬整地前施有机肥作底肥。翻耕后及时关闭风口闷棚 7~10 天。②秋冬茬休闲季约在 7 月初翻地，堆放秸秆施石灰氮（或石灰）后闷棚消毒；届时施基肥并整地。 ◆定植后控制：温度，增加光照强度和时间、增大通风量、降低空气湿度。	◆在开花期（最好花半开时），冬春茬用防落素（复合 1%AC) 沾花， 秋冬茬用防落素（复合 1%AC) 和 2,4-D 混合沾花（方法是将防落素或防落素和 2,4-D 的混合物用定量清水互兑，开花后用毛笔醮取少量激素液轻轻涂在花柄上）。	◆植株调整：在番茄生长过程中及时吊蔓、打杈、封顶及摘除基部病老黄叶。 ◆水肥管理：①对冬春茬，移栽时用畦灌浇一次透水（每亩 40 方），一周后划锄覆地膜提高地温，15 天后地温上升到正常时每亩浇水 40 米^3（畦灌）；而后间隔 10 天左右每亩滴灌或微喷灌 15 米^3，直至第一穗果实直径 2~3 厘米后控水蹲苗防徒长；待第一穗果长至乒乓球大小时再灌水追肥，一次浇水每亩 20 米^3 左右，前期只灌水而不追肥，待第二穗果膨大期时每亩施用尿素 7.5 千克、硫酸钾 10 千克，此后每隔 10~15 天追肥一次（每亩施用尿素 7.5 千克、硫酸钾 10 千克和普钙 12.5 千克）；番茄采收期停止追肥，每隔 15 天左右浇水一次（每亩 15 米^3 左右）。②对秋冬茬，从番茄定植到幼苗 7~8 片真叶展开、第一花序现蕾后浇大水一次（畦灌，每亩 40~60 米^3），直至第一穗果直径 2~3 厘米前适度控水蹲苗防徒长，第一穗果长至乒乓球大时微灌浇水一次（每亩 20 米^3 左右）；第一至二穗果时期，前期只少量灌溉而不追肥，当第二穗果膨大期时，每 7~10 天每亩追施尿素 7.5 千克、硫酸钾 10 千克；进入第三穗果膨大期后，每 7~10 天每亩追施尿素 7.5 千克、普钙 12.5 千克和硫酸钾 10 千克；入冬后田间浇水、施肥量应逐渐减少。	◆冬春茬采收期 (4~6 月）根据天气和运输距离决定采收的成熟程度。一般天气较好，温度较高时，果实发白至 3~4 成熟均可采摘；如遇阴雨、温度较低，需 5 成熟才可采摘；采摘过程中较小、较大或畸形的果实则待 8 成熟后采摘。 ◆秋冬茬番茄采收期 (10 月翌年 1 月），需长途运输的至少应有 8~9 成熟才可采摘；当地销售番茄则完全成熟后采摘。

2.35 新疆维吾尔自治区加工番茄绿色增产增效技术模式

技术模式要诀

秸秆加有机，培育好土壤；
坚决不重茬，重茬全白忙。
品种很关键，早晚要搭配；
播种不抢墒，播后即造墒。
施肥必灌水，省水肥效好；
磷微宜早施，氮钾勤跟上。
灌水听指挥，瞎灌害自己；
病虫早防治，莫到重时慌。
机收早准备，省钱效益好；
收前少灌水，收运都方便。

技术模式图解

适宜区域	新疆加工番茄直播、覆膜滴灌栽培区。产量 >6000 千克 / 亩，每千克纯氮生产 350 千克以上的番茄。				
生育期	播前 – 播种 9 月底至翌年 3 月初	出苗 – 开花 3 月初至 4 月中旬	开花 – 青果期 4 月 15 日至 6 月 10 日	成熟期 7 月 20 日至 9 月 25 日	采收
不同时期景观图片					
主攻目标	提高整地质量和播种质量，保一播全苗。	保全苗，促壮苗。	增温提墒，搭好丰产架子。	水肥充足，防早衰，促大果。	适时采收。
技术指标	施氮肥的 20%、磷钾肥的 50%。种子包衣。喷氟乐灵 100~120 克 / 亩除草。整地齐、平、墒、松、碎、净。	每亩保苗 3000 株，不脱肥、不旺长。	做好水肥管理和生长控制。	单果重平均 90 克，一次采果 70%。	按照采收标准及时收获。
主要技术措施	◆选地：选与马铃薯、番茄不重茬的地，对老种植区实施 2 年轮作。 ◆施肥：每亩基肥施纯氮（N）3 千克、磷（P_2O_5）8 千克、钾 (K_2O)3~6 千克，施有机肥 2000~3000 千克。土壤深翻 28~32 厘米。 ◆品种：选果实鲜红、番茄红素含量在 100 毫克 / 千克以上、可溶性固形物含量达 4.5% 以上，果实硬度大，适应无支架栽培，抗病能力强的品种。 ◆灌水：秋茬播前每亩灌水 50~60 米^3，春茬播前每亩灌水 40~50 米^3，灌水时做到均匀无积水。	◆放苗：及时放苗，防止膜内高温烫伤幼苗。 ◆封膜覆土：用松、碎的土壤封膜口。 ◆中耕：播种完即中耕 18~20 厘米。 ◆定苗：5~6 片真叶时开始、8 片真叶前定苗结束，一穴一株，禁留双株。	◆继续中耕。 ◆ 2 片真叶时可喷施 0.2% 磷酸二氢钾、0.2% 尿素或 0.05% 硫酸锌，促进花芽分化。 ◆灌水：挂果开始灌水。头水控制灌量 20 米^3/亩，后期可适当增加，每 7~10 天一次。 ◆防棉铃虫：以性诱和人工抓捕为主。	◆追肥：追肥 6~8 次，每次施纯氮 2~3 千克 / 亩、磷酸二氢钾 2~3 千克 / 亩。对后期能萌发新枝继续开花结果的品种，在第一茬果实基本采收完以后，结合灌水每亩施尿素 20 千克、磷酸二氢钾 3 千克，促使新枝萌发，二次结果。 ◆灌水：每 7 天左右灌水 40 米^3/亩，至 9 月 15 日结束。 ◆防蚜虫：7 月 31 日前做好虫情监测，重点做好中心株的人工点片防治，8 月 1 日以后对蚜为害油叶率达 10% 的地块普治（用金世纪和咤虫脒 15~20 克 / 亩）。	◆采收与装运：在第 1 花序的果实全部红熟，第 2 花序约 30% 的果实红熟开始采收。采收前 7 天必须停水。

2.36 露地越冬樱桃番茄绿色增产增效技术模式

技术模式要诀

樱桃番茄要种好，栽培技术掌握牢。
选择品种看市场，金币观音和粉娇。
播种育苗用穴盘，节约种子效率高。
施肥起垄加覆膜，定植工作提前搞。
要问如何来施肥，有机无机配合好。
三四片叶时定植，栽后立即把水浇。
花前控水把苗蹲，花期须把花果保。
番茄生长周期长，边开花来边坐果。
每株留果十二穗，每穗留果约十二。
绑蔓打杈后封顶，黄叶摘除病害少。
果实膨大关键期，肥水供应很重要。
氮肥钾肥配合施，水肥一体效率高。
病毒青枯早晚疫，防控措施须及早。
盛果期间土湿润，采前控水裂果少。
成熟一批采一批，品质好来效益高。

技术模式图解

适宜区域	广西右江河谷与水稻轮作的越冬露天种植樱桃番茄，一年一季目标产量 5000 千克 / 亩。			
生育期	育苗整地定植	开花期	植株调整	采收期
不同时期景观图片	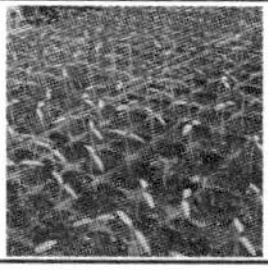 		 	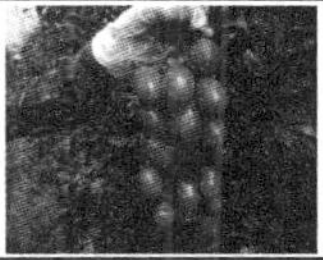
主攻目标	选品种、育壮苗；整地，覆膜，定植。	保花促果	植株调整，水肥管理。	适时采收，拉秧。
技术指标	壮苗：高 12~15 厘米，3~4 片真叶，茎粗 0.3~0.4 厘米，无病虫害。 定植密度：每畦 2 行，行距 0.80 米，同行株距 0.40~0.50 米，2200 株 / 亩。	每花序保留 10~12 朵花结果，疏除多余花果；每茬每株留果 10~12 穗。	绑蔓、打杈、摘心及摘除基部病老黄叶。	根据行情、天气、人工等决定采摘期。
主要技术措施	◆品种：选择籽粒饱满、发芽率高、高产稳产、市场销路前景好的樱桃番茄品种，如金币、粉娇、红观音等。 ◆整地：深翻 20~30 厘米，耙平使地面平整。 ◆基肥：间隔 145 厘米，每亩条施有机肥 500 千克、复合肥（15-15-15）50 千克、钙镁磷肥 50 千克。 ◆起垄：开沟起垄呈小高畦，垄宽 90 厘米、垄沟宽 45 厘米、高 20~30 厘米。 ◆覆膜：定植前两周覆盖地膜，防草保温。定植后：一次性浇足定根水。	◆每串花开放 4~5 朵，最好在花朵半开时，对准花朵按照比例喷施番茄灵，避免重复喷施。	◆植株调整：在樱桃番茄生长过程中及时整枝绑蔓、打杈抹芽，保证结果枝的生长，去除非结果枝的影响。植株高度 170 厘米左右，每株留果 10~12 穗后摘心封顶。及时去除中下部病黄老叶，通风透光。 ◆肥料管理：在定植后 10天（缓苗期）、30天（开花期）、50天（坐果 1期）、70天（果实膨大期）、90天（采收初期）追肥，追肥选择高钾型复合肥，氮钾比为 1:（1.5~2）。以 15-6-23养分比例复合肥为例，5次追肥（每次每亩）分别施用 10千克、15千克、20千克、15千克、15千克。追肥方式结合当地实际，可采用灌根的方式，即将复合肥溶解通过管道直接输送到樱桃番茄根部。 ◆水分管理：浇水忌忽干忽湿，不宜大水漫灌，宜小水少量分次灌溉。缓苗后控制浇水进行蹲苗促进根系生长；蹲苗后若土壤不是很干，开花时不用浇水；果实膨大期黏质土壤种植宜晚浇水，在沙质土壤种植宜早浇水；盛果期经常浇水保持土壤湿润；采摘前不宜浇水，防止加重裂果。 ◆病虫害防治：樱桃番茄主要病虫害有根腐病、疫病、青枯病、溃疡病、白粉虱等，生产中要防治结合，以防为主。	◆越冬种植采收期为 2~4 月，正值阴雨绵绵时节，要注意及时采收防止裂果。通常在果实坚熟期，即果实已经全果着色，肉质较硬时采收，此时樱桃番茄果实营养价值高，且耐运输。一天中适宜的采摘时间是早晨或傍晚无露水时，大多在早晨采摘，果实不仅含水量大，色泽好，而且温度低、水分蒸发量少，有利于减少销售或者长途运输过程中的损耗。

2.37 内蒙古旱作马铃薯绿色增产增效技术模式

技术模式要诀

马铃薯是地下宝， 高产高效是目标， 产区缺水愁人脑， 微垄集雨出新招。	垄膜侧播切抓好， 集水保水才有效， 种薯催芽仔细挑， 查膜放苗要记牢，	以产定肥计算好， 培肥地力同时搞， 病虫草害控制早， 群体合理双高保。

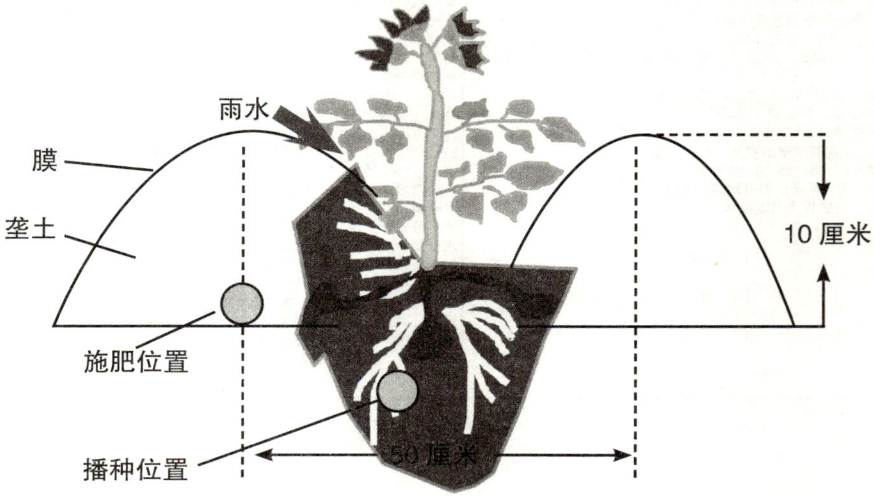

技术模式图解

<table>
<tr><td>适宜区域</td><td colspan="5">内蒙古阴山丘陵地区（包括阴山南北麓，燕北丘陵及其同类区）无灌溉条件的旱作马铃薯产区。年降雨 300 毫米。</td></tr>
<tr><td>产量、效率目标</td><td colspan="5">块茎亩产 1000~1500 千克。每千克纯氮生产马铃薯 150~200 千克。</td></tr>
<tr><td>生育时期</td><td>5 月上旬至 6 月上旬
播种－芽条生长期</td><td>6 月上旬至 7 月上旬
苗期</td><td>7 月上下旬
块茎形成期</td><td>7 月中下旬至 8 月中旬
块茎膨大期</td><td>8 月下旬至 9 月上旬
淀粉积累及收获期</td></tr>
<tr><td>不同时期景观图片</td><td></td><td></td><td></td><td></td><td></td></tr>
<tr><td>主攻目标</td><td colspan="2">保起垄覆膜质量，病虫草播前预防，保苗量。</td><td colspan="2">保膜，控病虫，防早衰，促积累，增产量。</td><td>适时收获。</td></tr>
<tr><td>主要技术措施</td><td colspan="2">◆整地：秋耕后或春耕后及时耙磨，耕深 25~30 厘米，结合整地每亩用辛硫磷颗粒剂 2 千克处理土壤，消灭地下害虫。
◆施有机肥：结合耕翻施腐熟农家肥 1000~1500 千克 / 亩。
◆选品种：克新 1 号、费乌瑞它等。一般用 G3 脱毒种薯。
◆种薯处理：播前 15~20 天出窖，放在向阳暖室内催芽晒种。种薯切成 30~50 克的切块或小整薯，每块 2~3 个芽眼，切刀用 75% 的酒精溶液每切一个种薯消毒一次。每 5000 千克种薯用滑石粉 100 千克、克露 0.1 千克 、甲托 0.1 千克拌种，阴干后装袋。
◆播种：利用机械将施肥、播种、起垄、覆膜一体完成。每亩施纯氮（N）8~12 千克、磷（P_2O_5）3~5 千克、钾（K_2O）5~10 千克；播种行距 45 厘米，每亩 3000~3500 株，深度 8~10 厘米；起垄高 10 厘米，垄面呈拱形，垄底宽 50 厘米，垄面“光、圆”，地膜紧贴垄面，膜边压实，垄上每隔 3~5 米压一条土带。播种覆膜前，每亩用 96% 精异丙甲草胺乳油 60~80 毫升或 50% 的乙草胺乳油 0. 1 千克对水 50 千克喷洒防除杂草。
◆查膜护膜：出苗前要查膜护膜，防止牲畜践踏和大风扯膜，有破损处及时用细湿土封严。
◆及时放苗：播种后 25 天左右要经常检查幼苗出土情况，查苗放苗。缺苗断垄要及时移栽并封好播种孔。</td><td colspan="2">◆病害防治：应提前喷药预防早、晚疫病。一般用 25% 瑞毒霉可湿性粉剂 500 倍液或 69% 锰锌－烯酰水分散粒剂 90~115 克 / 亩喷雾，也可用克露、霜多克、扑立克每 7~10 天喷一次，连续喷 2~3 次以上。
◆虫害防治：生长期发现草地螟、芫菁等害虫，选用 4.5% 氯氰菊酯、20% 快杀灵 1500~2000 倍液喷雾。
◆防早衰：淀粉积累期时防止茎叶早衰，延长茎叶绿色体功能，增加淀粉积累，每亩可用硫酸锌和硼砂 1 千克 / 亩作叶面喷施。</td><td>◆在收获前 5~7 天，若早霜还未到来，要用镰刀或机械方法将茎蔓割掉。待植株完全枯死后，表皮形成较厚的木栓层时收获。收获后及时清除地膜，集中处理。</td></tr>
</table>

2.38 山东省大蒜绿色增产增效技术模式

技术模式要诀

清除残叶，地整平松。
施足底肥，造墒播种。
选好良种，浸种防病。
平畦栽培，南北行种。
精量播种，深浅相同。
播后覆膜，保墒防冷。
出苗破膜，浇水越冬。
病虫草害，预防为重。
蒜薹生长，肥水保证。
抽薹之后，氮钾补充。
底叶枯落，蒜头长成。

技术模式图解

<table>
<tr><td>适宜区域</td><td colspan="6">山东省鲁西南地区，品种有苍山白蒜、金乡白蒜等</td></tr>
<tr><td>高产高效目标</td><td colspan="6">蒜薹产量 480~500 千克 / 亩，蒜头产量 1800~2200 千克 / 亩，氮肥利用率 30%~35%</td></tr>
<tr><td>生育时期</td><td>播种
10 月上旬</td><td>播种越冬期 10 月下旬至翌年 2 月下旬</td><td>返青期
2 月下旬至 3 月中上旬</td><td>蒜苔伸长期
3 月下旬至 5 月上旬</td><td>蒜头膨大期
5 月上下旬</td><td>收获期
5 月下旬</td></tr>
<tr><td>不同时期景观图片</td><td colspan="6">  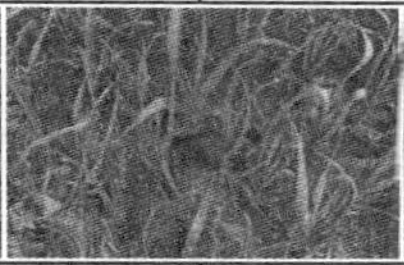  </td></tr>
<tr><td>主攻目标</td><td colspan="2">提高整地质量，确保苗全、苗齐、苗壮。</td><td>培育壮苗，防病防虫。</td><td colspan="2">防倒伏、防早衰、促生长。</td><td>适时收获。</td></tr>
<tr><td>技术指标</td><td>精细整地，表面没有明显的残叶。</td><td colspan="2">亩基本苗 3 万 ~3.5 万株，保证苗齐、苗全。苗壮和安全越冬。</td><td colspan="3">中等肥力土壤收获蒜薹 380~450 千克 / 亩，蒜头 1200~1800 千克 / 亩；高等肥力土壤收获蒜薹 480~500 千克 / 亩，蒜头 1800~2200 千克 / 亩。</td></tr>
<tr><td rowspan="2">主要技术措施</td><td colspan="2">◆整地：10 月上旬整地，前茬作物收获后，及时清除残留枯枝落叶，深耕，精细耙地，达到上松下实，地面平整。
◆施肥：亩施腐熟鸡粪 200 千克，氮肥（N）7 千克、磷肥（P_2O_5）10 千克、钾肥（K_2O）11 千克，施肥后及时深耕 25~30 厘米，细耙细耧 2~3 遍，使肥料与表层土壤充分混匀，精细整地，做到畦面平整。
◆化学除草：播种后喷施除草剂，可选择 330 克 / 升二甲戊灵 125~150 毫升 / 亩、240 克 / 升乙氧氟草醚 40~50 毫升 / 亩。
◆蒜种处理：选择蒜头圆整、蒜瓣肥大，色泽洁白、顶芽肥壮无病斑、无伤口的蒜瓣作为蒜种，上年本地块收获蒜头不适宜作为蒜种
◆适时播种：播种前可浇浅水一次，以利于播种出苗；采用平畦栽培，株行距 9×18 厘米，播深 3 厘米左右，适宜播期为 10 月 10~20 日。</td><td>若冬季干旱应及时灌溉返青水，若墒情较好，可推迟灌水到 3 月中上旬。</td><td>蒜薹伸长，营养生长与生殖生长并进，此时为肥水管理关键时期，可在春分时期（3 月下旬）施用氮肥（N）7 千克 / 亩、钾肥（K_2O）2.5 千克 / 亩，施肥后及时灌溉。</td><td>蒜薹收获后，顶端优势被解除，叶片叶鞘内营养逐渐向蒜头输送，蒜头迅速膨大，此时应确保营养供给，并加强灌溉。可施氮肥（N）4 千克 / 亩、钾肥（K_2O）2.5 千克 / 亩，施肥后及时灌溉。</td><td>◆蒜薹收获：当蒜苔抽出叶鞘，并开始甩弯时，选择晴天中午或午后及时采收。
◆蒜头收获：蒜薹收获后 18 天左右，大蒜的叶片变为灰绿色，底叶枯黄脱落，假茎松软。充分膨大后，及时收获。若天气较旱，应在收获前一天轻浇水 1 次，使土壤湿润。</td></tr>
<tr><td colspan="6">病虫害防治
◆防治原则：按照“预防为主、综合防治”的原则。优先采用农业防治（蒜种处理、合理轮作、清洁管理）、生物防治（生物农药、天敌防治）、物理防治（杀虫灯、杀虫板）等方法，合理使用化学防治方法，禁止使用国家明令禁止的高毒、高残留农药。
◆大蒜叶枯病：30% 氧氯化铜悬浮剂 600~800 倍液，或 70% 代森锰锌可湿性粉剂 500 倍液，7~10 天喷施一次，交替用药。
◆大蒜灰霉病：50% 多菌灵可湿性粉剂 400~500 倍液，或 50% 腐霉利可湿性粉剂 1000~1500 倍液，7~10 天喷施 1 次，交替使用。
◆大蒜病毒病：1.5% 植病灵乳剂 1000 倍液，或 20% 病毒灵（盐酸吗啉胍）悬浮剂 400~600 倍液，7~10 天喷施 1 次，交替用药。</td></tr>
</table>

2.39 山东省章丘大葱绿色增产增效技术模式

技术模式要诀

秸秆还田，培肥土壤。
精选良种，种衣包上。
均匀播种，保证质量。
合理移栽，苗齐苗壮。
适期施肥，按需定量。
合理灌溉，前控后频。
中耕培土，促进生长。
病虫草害，重在预防。
适当收获，妥善贮藏。

技术模式图解

适宜地区	山东省章丘大葱亩产 3500 千克以上的地区。							
生育时期	播种～苗期 9 月下旬至翌年 5 月下旬	移栽定植期 5 月下旬至 7 月上旬	缓苗越夏期 7 月上旬至 8 月上旬	葱白盛长初期 8 月上下旬	管状叶生长期 8 月下旬至 9 月上旬	葱白生长盛期 9 月上旬至 10 月上旬	养分运移期 10 月上旬至 11 月上旬	收获期 11 月上旬中旬
不同时期景观图片	 	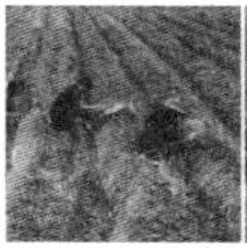						
主攻目标	精选良种，苗期管理。	保证整地和葱苗质量。	促新根发育，确保苗全。	促新叶生长。	促管状叶旺盛生长。	促葱白旺盛生长。	促葱叶内同化物运贮于葱白。	适时收获。
技术指标	葱白 25 厘米以下粗 1 厘米，单株 40 克，叶色浓，5 枚功能叶。	保证苗匀，株距 4~5 厘米。	密度为 1.8~2.2 万株/亩。	有机无机同供营养，浅培土防倒。	供适量养分，破垄平沟。	供大量速效养分 (N)，中耕培土。	培土及水分管理。	产量 3500 千克/亩。
主要技术措施	◆选特有品种，包衣或药剂拌种，每亩播量 1.5~2.5 千克。秋播在秋分前后日均气温在 16~17℃时为最适播期；春播在 3~4 月份土壤解冻后。 ◆育苗田每亩施 2500 千克腐熟土杂肥，浅耕 25 厘米，整平耙细。育畦长和宽为 1~1.2 米，畦埂高 10 厘米，底宽 25 厘米。按 N、P_2O_5、K_2O 各 3~4、2~3、2~3 千克/亩施种肥。 ◆次年开春结合浅中耕除杂草，适当晚浇返青水。苗高 15~20 厘米时间苗、疏苗或补苗，保持苗间距 4~7 厘米，每亩留苗 12 万株。5 月葱苗生长旺盛期结合浇水每亩施纯氮（N）8~10 千克，同时防治病虫害。移栽前 20 天控制水肥蹲苗。春播苗田要突出“早”和“促”，其他管理同秋播。	◆按 80 厘米沟距南北向开沟，沟深 50 厘米、宽 40 厘米。 ◆在沟底每亩施商品有机肥 200 千克、磷酸二铵 8~10 千克、硫酸钾 6~8 千克；将肥与土混匀、垄背拍碎踏实。 ◆一般冬贮大葱定植密度为 1.8 万~2.2 万株/亩；在沟中线按 4~5 厘米株距插下，叶面应与沟向平行。葱苗心叶距地面 8 厘米。	◆保留葱眼以利根系通风透气。 ◆葱苗定植半个月后适当浇水以促新根发育；及时排水、忌沟中积水。 ◆中耕除草，防土壤板结。	◆立秋以后，葱白开始生长时第一次追肥（每亩施腐熟土杂肥 2000 千克或豆饼 75~100 千克、磷酸二铵 8~10 千克、硫酸钾 6~8 千克撒在葱沟边距大葱 15~20 厘米处），浅锄 1 遍、浇水 1 次以促生长。培土结合中耕除草，少量覆土（填平 1/2 葱沟）。 ◆处暑后葱苗进入管状叶盛长期时第二次追肥（每亩追施尿素 5~8 千克、硫酸钾 6~8 千克，撒在葱沟边距大葱 15~20 厘米处），追肥后浇水；垄背干湿适当时放大锄中耕，破垄平沟围葱棵。 ◆白露以后，葱白生长盛期时第三次追肥（每亩追施尿素 15~20 千克、硫酸钾 6~8 千克，均匀撒在距大葱 15~20 厘米处），追肥后培土以不埋心叶为宜。 ◆秋分以后，葱白产量显著增长时期第四次追肥（先培土，后在沟内距葱行 15~20 厘米处撒施尿素 15~20 千克、硫酸钾 3~4 千克，再中耕覆盖肥料），浇水 1 次。 ◆病虫害防治：大葱病害以霜霉病、灰霉病、紫斑病为主。大葱虫害主要以蛴螬、葱蓟马、葱蛆、潜叶蝇、菜青虫、甜菜夜蛾为主。及时防治。			◆根据葱白高度适当培土，培土高度以培至最上叶片出口处为宜，不可埋没心叶，培土后将土适度压实。 ◆每隔 6~7 天浇 1 次水、浇足浇透，保持地内见湿不见干。	◆进入 11 月上中旬，气温下降至 8~12℃时，在立冬前后早晨有微冻时采收； ◆刨出的葱每两垄放一铺，顺序平摊，晾干水气，下午收集成捆，运往贮存地点或直接销售。

2.40 山东省生姜绿色增产增效技术模式

技术模式要诀

生姜高产又高效，科学栽培很重要。
精耕细作选沃土，精挑细选择良种。
养分搭配要合理，无机有机相结合。
高氮高钾少磷肥，微量元素要重视。
适当补充锌硼铁，生姜增产又提质。
追肥培土相结合，一肥一土正合适。
水分管理要注意，小水勤浇防涝害。
病虫害要早预防，一到两年倒一茬。
防治首选生物药，禁用农药绝不使。
适时扣棚延收获，产量还能涨一截。
只要科学来种植，增产增收没问题。

技术模式图解

适宜区域	该技术操作规程适用于山东鲁中生姜种植区。					
高产高效目标	大姜亩产 5000 千克 / 亩，小姜亩产 3500 千克 / 亩。每千克纯氮生产 120 千克生姜。					
生育期	整地～播种期 12 月至翌年 4 月中上旬	出苗期 4 月中旬至 6 月中上旬	苗期 6 月中上旬至 8 月上旬	旺盛生长期 8 月上旬至 9 月下旬	转色期 9 月下旬至 10 月下旬	收获期 10 月下旬或 11 月上旬
不同时期景观图片						
主攻目标	提高整地质量和播种质量，确保苗全、苗齐、苗壮。	保证苗齐、苗壮。	保证苗壮，促进地上部分枝。	促进地上部分枝和底下块姜的繁殖。	促进地下块姜的繁殖。	适时收获贮藏。
技术指标	精整细播，有机无机肥和中微肥结合施用。	提高地温保苗齐苗壮。	破垄遮荫，灌溉施肥，防病防虫。	培土追肥，灌水防病虫害。	灌水防虫害。	大姜 5000 千克 / 亩； 小姜 3500 千克 / 亩。
主要技术措施	◆整地施肥：在冬季施腐熟的农家肥（4000 千克 / 亩）深翻进行冻晒，或在春季起垄前施商品有机肥（300~500 千克 / 亩）。 ◆姜种处理：播种前一个月进行晒姜困姜，然后选择无病虫害健壮的姜块做种姜进行催芽，选择姜芽大小一致的姜块播种，保证苗齐苗壮。 ◆ 播种：种植密度 5000~6000 株 / 亩，视不同品种而定。沟内撒施或喷施防治地下害虫药剂和除草剂，然后播种覆土 4~5 厘米，随即覆地膜。 ◆水肥管理：垄内每亩沟施纯氮（N）6~8 千克，磷（P_2O_5） 10~12 千克，钾（K_2O） 12~15 千克，同时根据地块情况每亩施硫酸锌 1~2 千克，硼砂 0.5~1 千克，钙镁肥 4~5 千克，浇足底水。	◆水分管理：出苗期对水分需求较少，如果姜沟土很干，可少量浇水。该期的管理重点是提高地温。	◆水肥管理：苗出齐后撤膜拉遮荫网进行遮荫降温，以防烤苗伤苗，1/3 沟浇水法浇水，不可大水漫灌。结合松土破垄追施壮苗肥，亩追施纯氮（N）6~8 千克，钾（K_2O）8~10 千克 . ◆病虫害防治：以防治姜螟为主，每 5~7 天喷药一次，连喷 2~3 次。	◆水肥管理：进入生长盛期，需水量多，基本 5~7 天浇一次水，2/3 沟浇水法浇水，不可大水漫灌。结合培土多次追肥，8 月初、8 月底、9 月下旬三次培土追肥，每亩每次追施纯氮（N）6~8 千克，钾（K_2O）6.5~8.5 千克。 ◆病虫害防治：该期是大姜病害盛行期，地下病害主要是根茎腐烂病（即姜瘟）和癞皮病，地上主要病害有斑点病、炭疽病和条锈病。	◆水分管理：保持土壤湿润，7~10 天浇一次水，1/2 沟浇水法浇水，不可大水漫灌。 病虫害防治：做好后期夜蛾、棉铃虫和盲椿象等虫害的防治。	◆姜不耐寒，通常于 10 月下旬初霜到来之前收获。收获期前 3~4 天停止浇水。有条件的也可扣棚保温适时晚收。

2.41　茶叶绿色增产增效技术模式

技术模式要诀

茶叶优质又高效，茶园基础需打牢。
全面深垦足底肥，无性良种选壮苗。
条栽行距便机械，道路水利要配套。
定型修剪做三次，粗壮骨架宽树冠。
有机化肥配合施，养分平衡测土调。
基肥追肥相结合，开沟施肥再覆盖。
病虫草害绿色防，质量安全最重要。
农业防治是基础，生态生物降用药。
茶类要求适时采，工艺标准作指导。
合理包装戒浪费，品牌营销求实效。

技术模式图解

生育时期	建立高质量的幼龄茶园	培育优良的树冠结构	成龄采摘茶园管理	采摘、加工
不同时期景观图片		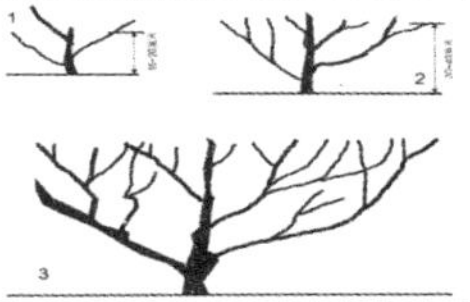		
主攻目标	建立水利和道路系统，保证园地质量和种植质量，确保高成活率。	促进分枝，控制高度，培育骨架。	加强养分管理，维持树冠生机，防病虫害。	适时采摘。
技术指标	选用良种，深垦土壤、施足底肥。	三次定型修剪。	平衡施肥、轻修剪与重修剪相结合、病虫防治。	
主要技术措施	◆良种准备：根据生产茶类要求的区域气候、土壤特点，选用国家或省级无性系良种。采用符合国家标准的壮苗。 ◆园地整理：全面深垦 80 厘米以上；坡度超过 15 度时建立等高梯田。建立水利和道路系统。 ◆施底肥：选用纤维素含量高的有机肥特别是厩肥和堆肥等每亩施 2~3 吨，配合施磷矿粉或钙镁磷肥每亩 100 千克。 ◆种植时期：一般在 10~11 月种植，冻害或干旱严重地区可以选择 3~5 月种植。 ◆种植规格：灌木型和小乔木型品种采用单行条栽或双行条栽，单行条栽的行距 1.5 米，丛距 0.33 米，每丛 2~3 株；双行条栽的大行距 1.6~1.8 米，小行距和丛距分别 0.3~0.4 米，每丛 1~2 株。乔木型茶树品种，采用单条单株栽，行距 1.5~1.8 米，株距 0.4 米。 ◆栽后管理：及时铺草覆盖，防旱保苗。与大豆、苜蓿等绿肥间作，减少杂草，培肥土壤。	◆第一次定型修剪：2 龄、高≥ 30 厘米、地茎≥ 0.3 厘米、有 1~2 个分枝；修剪高度离地 15~20 厘米，在春茶前修剪，剪后当年留养新梢。 ◆第二次定型修剪：第一次定型修剪后 1 年时实施；修剪高度从上次剪口向上提高 15 厘米，春茶前修剪，剪后当年各个茶季打顶。 ◆第三次定型修剪：第 2 次定型修剪后一年时实施。生长情况好的茶园春茶前期嫩采名优茶 1~2 批后修剪。高度从第 2 次剪口上提 15 厘米。夏秋茶打顶养蓬。 ◆第四次弧型修剪：经过三次定型修剪后，树冠骨架基本形成。春茶前期采名优茶结束后修剪，高度从上年剪口上提 5~10 厘米，树冠略成弧型。 ◆施肥：每次定型修剪前每亩施用复合肥 30~40 千克、氮肥（纯氮）5~8 千克；生长期间追施氮肥 1~2 次，每次纯氮 5~8 千克。	◆平衡施肥：以氮为主，兼顾磷、钾、镁、硫和微量元素；有机肥、化肥配合，基肥与追肥配合施用。 ◆基肥：每亩施饼肥 100 千克、氮肥（纯氮）6~8 千克、磷肥（P_2O_5）4~6 千克、钾肥（K_2O）6~8 千克，9~11 月施用，深度 10~15 厘米。 ◆追肥：分三次。春茶开采前 30 天每亩开沟施纯氮 8 千克，施后盖土。其余 2 次为春茶、夏茶采后，每亩各施纯氮 6 千克。 ◆修剪：每年 1~2 次轻修剪，秋茶或春茶结束后实施。经多年采摘和轻修剪后树冠上鸡爪枝明显时重修剪，一般 4~5 年 1 次。 ◆防治病虫：尽量采用农业、物理、生物等措施综合防治病虫害。	◆根据茶类要求适时采摘：名优茶细嫩采，一般为 1 芽 1 叶；大宗茶适中采，一般为 1 芽 2~3 叶。 ◆分批多次采，保证芽叶整齐、大小均匀。 ◆合理留叶采摘，维持树冠生机。 ◆有条件时采用机械采摘，减少劳力投入。 ◆按照工艺标准，及时加工鲜叶。

3. 绿色增产增效技术的推广应用

推动规模化生产，促进绿色增产增效技术扩散

我国大部分地区采取的小农户、分散经营模式，很大程度上制约了农业生产新技术的应用和生产效益水平的提高。为了实现农业的增产增效目标，不仅需要绿色增产增效技术，更需要与其相适应的技术服务和生产组织方式。通过在不同地区采取因地制宜方式推动土地连片规模化经营，并建立与之适应的技术服务模式，有利于促进绿色增产增效技术扩散，提高技术到位率，降低生产成本和实现增产增效。

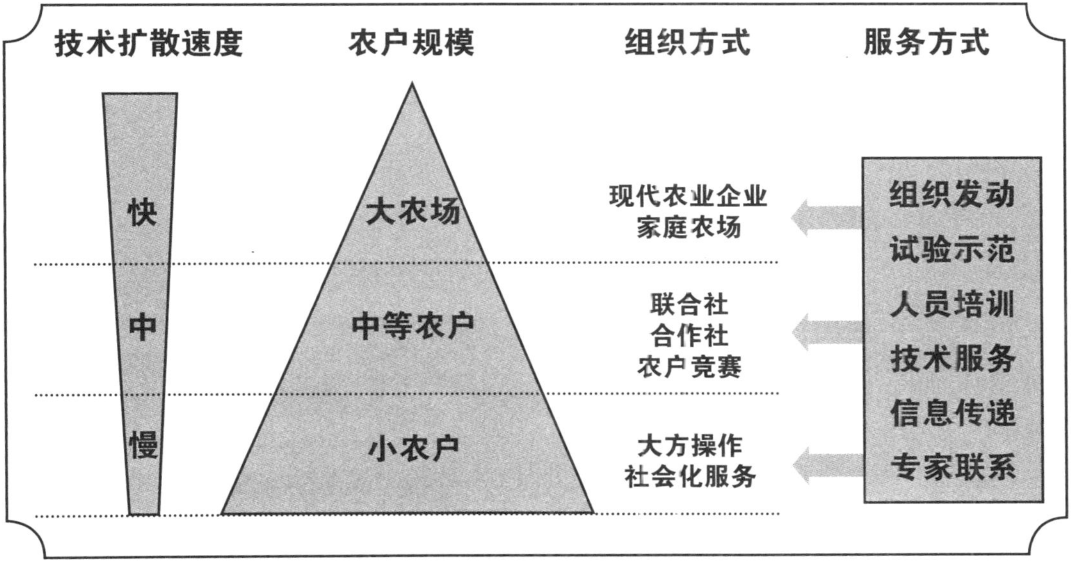

推动作物生产全程机械化，提高技术到位率

在农业劳动力成本不断上升的条件下，农业技术包括绿色增产增效技术的应用在很大程度上取决于生产机械化水平。从研究上更好地促进农机、农艺融合，生产中大力推动与作物增产增效技术高度融合的全程机械化技术，是提高技术到位率、实现作物增产增效的关键。

建立多元化推广新机制，推动绿色增产增效技术大面积应用

要实现绿色增产增效技术大面积应用，需要政府、企业、科研院所和社会各界共同努力，发挥各自优势，打破技术传播障碍，突破“最后一公里”难题。

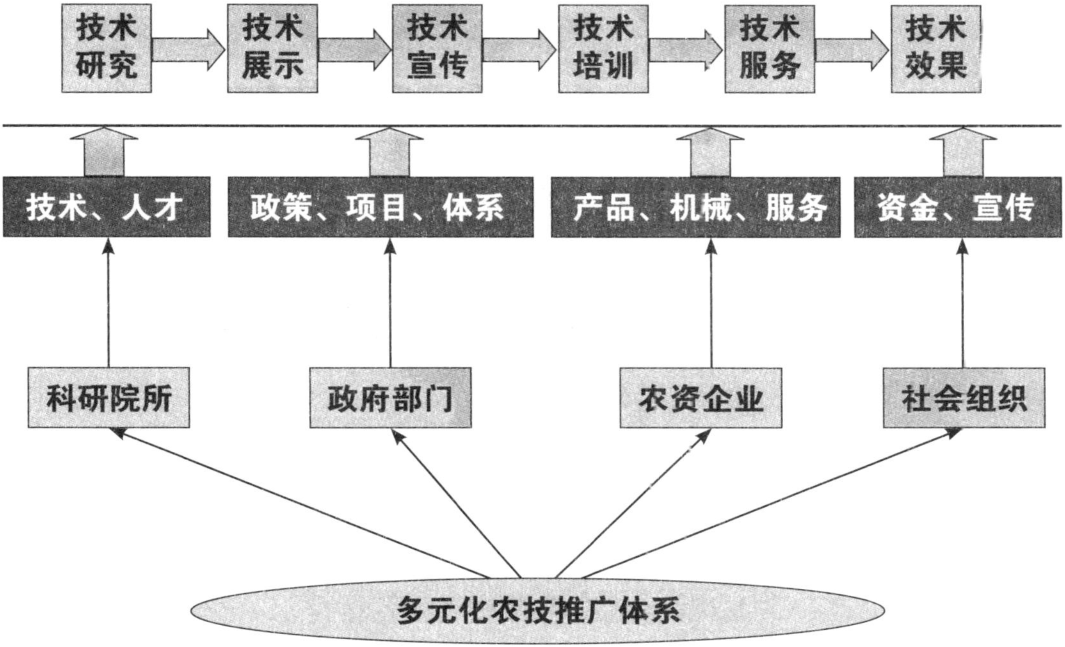

政府—转变职能、强化服务，为技术推广提供支撑

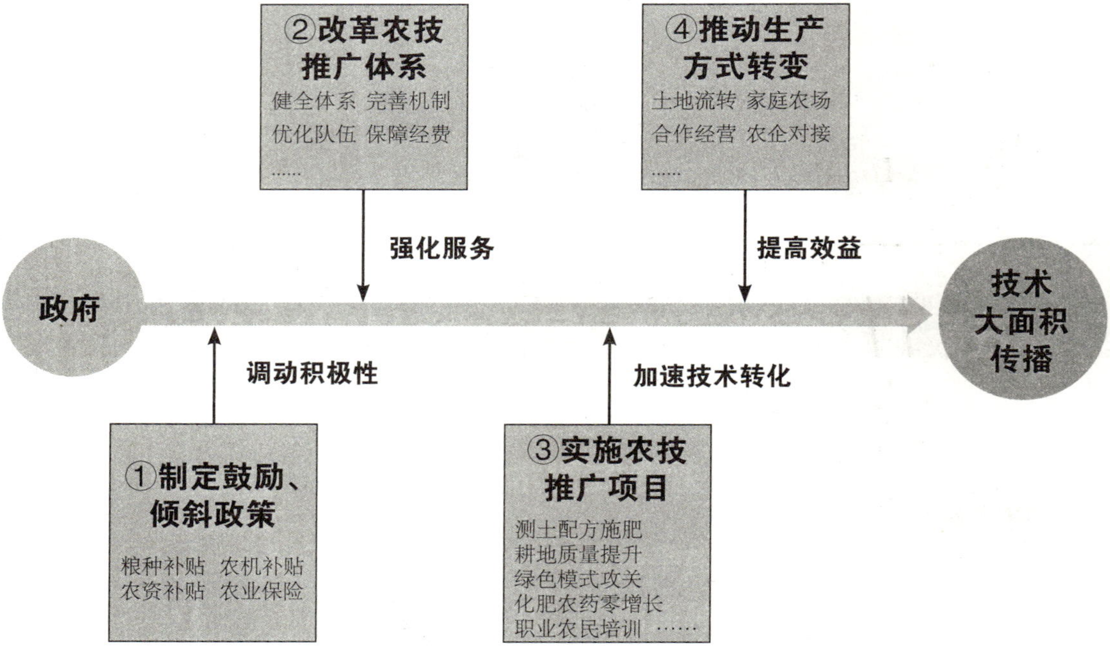

企业—创新产品研发、生产和服务机制，实现产业转型，在服务中找到发展空间

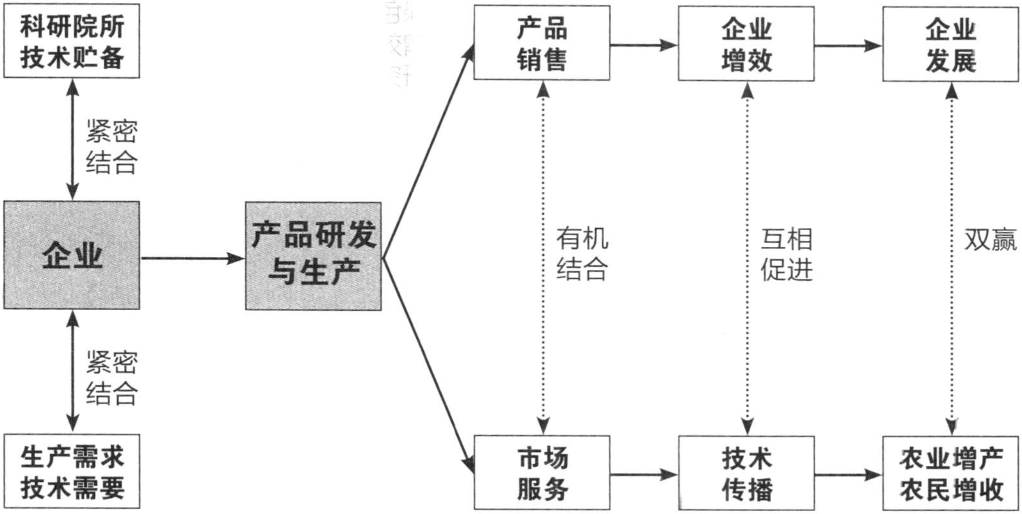

农业科研院所——科研、服务与人才培养融合，促进绿色增产增效技术应用

全社会形成合力，构筑综合示范推广网络和服务平台，促进绿色增产增效技术应用，推动农业转型

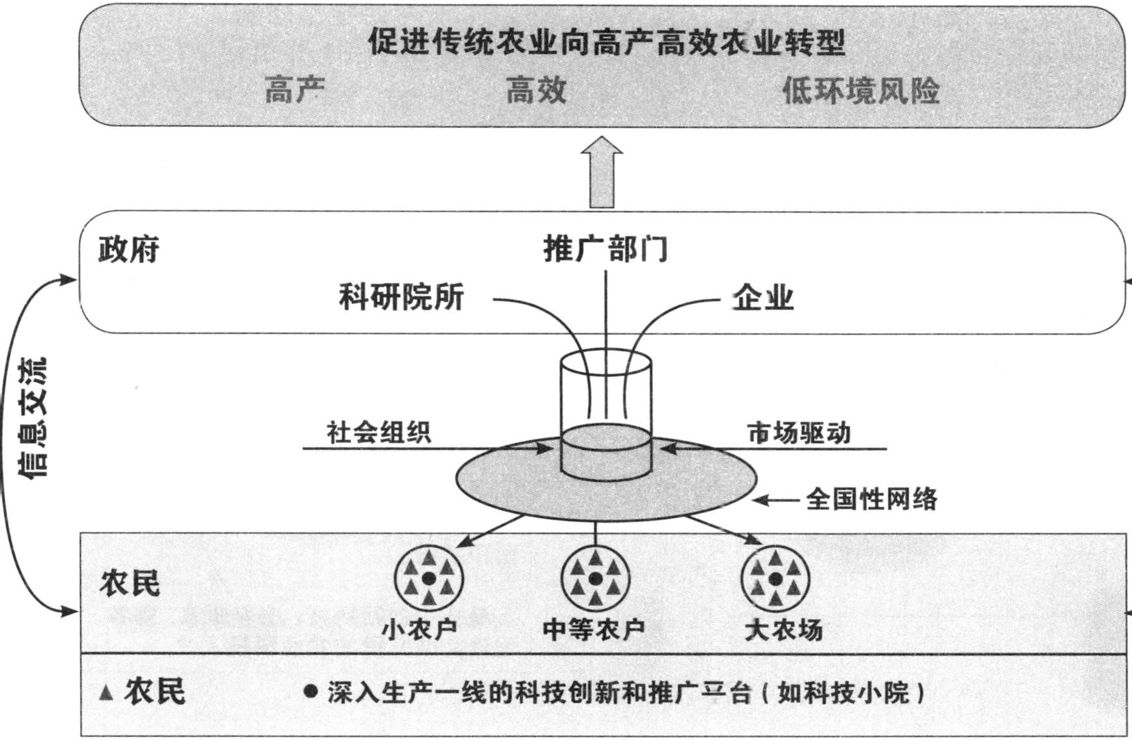

"科技小院"
—解决绿色增产增效技术应用最后一公里的新模式

三个结合
科技创新、社会服务、人才培养

"四零"服务
零距离、零门槛、零费用、零时差

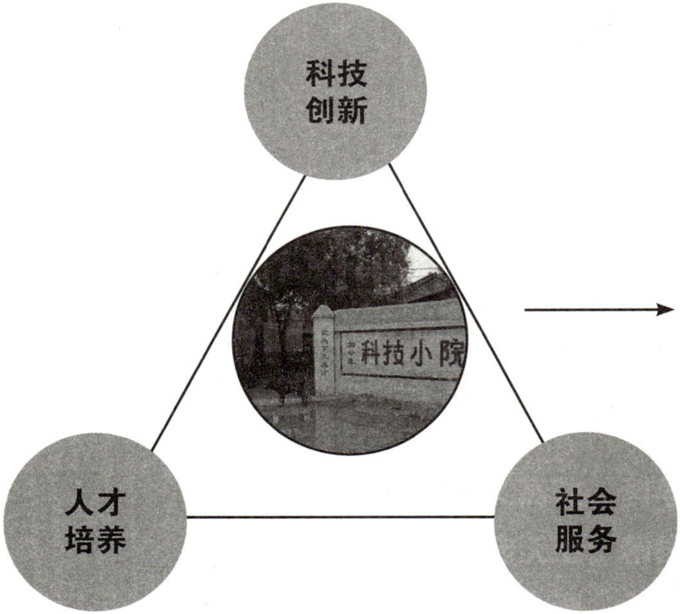

①长期扎根生产一线，科研人员与农民工作、生活在一起，促进研用结合。

②根据生产需求，创建主要农作物绿色增产增效技术模式，为高产高效农业生产提供技术支撑。

③坚持"四零"原则，组织培训和服务农民，提高技术到位率。

④适应农业发展需要，构建多种规模化生产组织和服务模式，促进技术大面积扩散。

⑤服务中创新科技，培养知农、爱农、理论实践并重的农业科技人才。

“科技小院”推动绿色增产增效农业发展

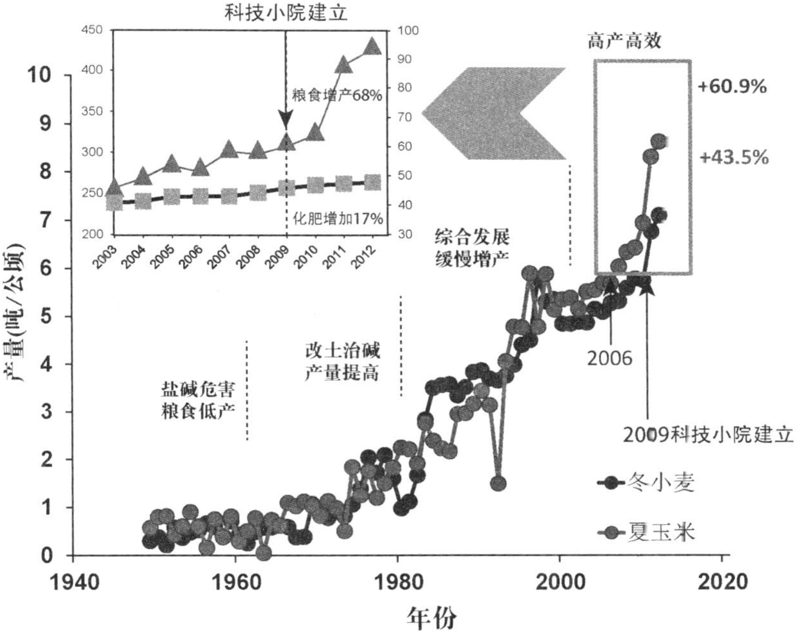

建国以来曲周县小麦和玉米单产的变化

2009年，中国农业大学资源环境与粮食安全中心在河北省曲周县建立了科技小院。科技小院的建立促进了绿色增产增效技术的传播和应用，推动了曲周县粮食产量快速增长，化肥用量和灌水则增长缓慢，水肥利用效率稳步提高。实现了区域绿色增产增效的目标。

展望

我国农业生产正经历着一场伟大的变革。“绿色增产增效”已成为我国农业发展的必然选择。全国范围内的“节肥增效”到“高产高效”还需要长期艰苦的努力。广大农业科技工作者和农民朋友是传播与应用现代农业技术的主力军。我们希望更多的技术人员和农民朋友掌握好、用好农作物绿色增产增效技术，为实现农业可持续发展的目标、保障国家粮食安全做出更大的贡献。